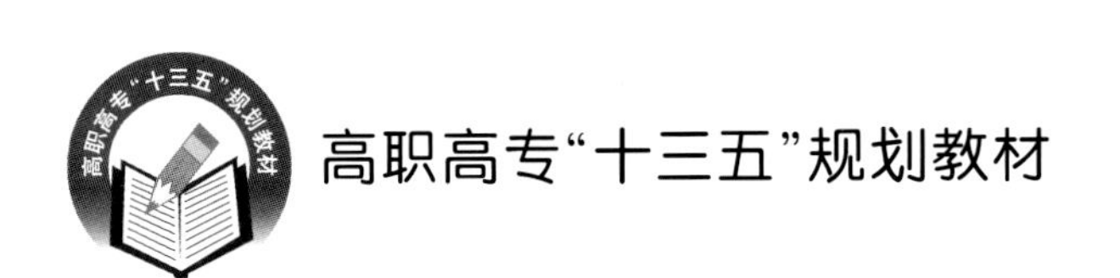

新编移动 UI 设计之案例与实战

主　编　张婷婷　刘晓芳　袁晓维
副主编　杨　劲　陈　阳　黎　洋　杨寒梅
主　审　欧君才

北京航空航天大学出版社

内 容 简 介

本书围绕UI前端设计师岗位能力要求，在认真分析职业岗位需求和学生认知规律的基础上全面规划和组织内容，合理安排教学单元的顺序。内容共7章，包括：UI设计的理论基础、基础图标的设计与制作（分为两章介绍）、网页的设计与制作、App登录界面的设计与制作、App内容界面的设计与制作以及知识拓展。此次新编版本增加了UI设计中的色彩基础知识、UE原型设计以及UI设计中的引导和提示等用户交互体验设计的相关知识。本书以简单易懂的实际项目为主线进行讲解，由浅入深、循序渐进，可以满足不同层次读者的需求。

本书可作为高等职业学院计算机、设计类相关专业的教材，也可作为各类软件设计开发人员的参考资料。

本书配有课件供任课老师参考，如有需要，请发邮件至goodtextbook@126.com申请索取。

图书在版编目(CIP)数据

新编移动UI设计之案例与实战 / 张婷婷，刘晓芳，袁晓维主编. -- 北京 ：北京航空航天大学出版社，2020.1

ISBN 978-7-5124-3103-4

Ⅰ. ①新… Ⅱ. ①张… ②刘… ③袁… Ⅲ. ①移动终端—应用程序—程序设计—高等职业教育—教材 Ⅳ. ①TN929.53

中国版本图书馆CIP数据核字(2019)第201138号

新编移动UI设计之案例与实战

主编 张婷婷 刘晓芳 袁晓维

副主编 杨劲 陈阳 黎洋 杨寒梅

主审 欧君才

责任编辑 冯颖 周世婷

*

北京航空航天大学出版社出版发行

北京市海淀区学院路37号（邮编100191） http://www.buaapress.com.cn

发行部电话：(010)82317024 传真：(010)82328026

读者信箱：goodtextbook@126.com 邮购电话：(010)82316936

保定市中画美凯印刷有限公司印装 各地书店经销

*

开本：787×1 092 1/16 印张：10 字数：256千字

2020年1月第1版 2021年3月第2次印刷 印数：2 001-5 000册

ISBN 978-7-5124-3103-4 定价：59.00元

前　言

随着电子设备智能化的快速发展,移动UI设计领域越来越受到人们的关注。目前,我国很多院校的计算机相关专业和设计类专业都将UI设计作为一门重要的专业课程。为了各院校教师能够系统地讲授该课程,使学生能够熟练地进行移动界面的设计,作者在多年教学实践的基础上经过研究、总结,编写了本书。

本书围绕UI前端设计师岗位能力要求,在认真分析职业岗位需求和学生认知规律的基础上全面规划和组织内容,合理安排教学单元的顺序。内容共7章,包括:UI设计的理论基础、基础图标的设计与制作(分为两章介绍)、网页的设计与制作、App登录界面的设计与制作、App内容界面的设计与制作以及知识拓展。此次新编版本增加了UI设计中的色彩基础知识、UE原型设计以及UI设计中的引导和提示等用户交互体验设计的相关知识。本书以简单易懂的实际项目为主线进行讲解,由浅入深、循序渐进,可以满足不同层次读者的需求。

本书可作为高等职业学院计算机、设计类相关专业的教材,也可作为各类软件设计开发人员的参考资料。

本书是四川省教育厅2015年度科研重点项目(人文社科)立项课题成果之一(立项编号:15SA0184)。

本书由四川航天职业技术学院张婷婷、刘晓芳及四川旅游学院袁晓维任主编;四川航天职业技术学院的杨劲、陈阳、黎洋、杨寒梅任副主编;四川航天职业技术学院的赵秋霞、欧丽娜,成都理工大学工业设计系的易姗姗,四川城市职业学院的廖冬莉,重庆电信职业学院的梅玲也参考了本书的部分编写工作。全书由四川航天职业技术学院的欧君才教授主审。

由于编者水平有限,书中如有疏漏和不妥之处,恳请各位老师和读者批评指正。

编　者

2019年5月

目　　录

第1章　UI设计的理论基础

【本章目标】

① 了解什么是UI设计；

② 了解怎样进行UI设计；

③ 了解UI设计的应用。

任务1　UI设计的名词解释

UI即User Interface(用户界面)的简称，从字面上看是由用户与界面两个部分组成的，但实际上还包括用户与界面之间的交互关系。UI设计是指对软件的人机交互、操作逻辑、界面美观的整体设计。好的UI设计不仅可以让软件变得有个性、有品位，还能让软件的操作变得舒适、简单、自由，充分体现软件的定位和特点。

在飞速发展的电子产品设计中，界面设计工作逐渐被重视起来，做界面设计的"美工"也随之被称为"UI设计师"或"UI工程师"。其实，软件界面设计就像工业产品中的工业造型设计一样，是产品的重要卖点。一款电子产品拥有美观的界面会给人带来舒适的视觉享受，能拉近人与产品间的距离，这是建立在科学性之上的艺术设计。检验界面好坏的标准既不是某个项目开发组领导的意见，也不是项目成员投票的结果，而是终端用户的感受。

任务2　UI设计的原则

1. 简洁性

界面简洁是要让用户便于使用、便于了解产品，并能降低用户发生错误选择的可能性。

2. 用户语言

界面中要使用能反映用户本身的语言，而不是游戏设计者的语言。

3. 记忆负担最小化

人脑不是计算机，在设计界面时必须要考虑人类大脑处理信息的限度。人类的短期记忆有限且极不稳定，24小时内存在约25%的遗忘率。因此，对用户来说，浏览信息要比记忆更容易。

4. 一致性

一致性是每一个优秀界面都具备的特点。界面的结构必须清晰且一致，风格必须与产品内容相一致。

5. 清　楚

清楚是指界面在视觉效果上便于理解和使用。

6. 用户的熟悉程度

用户可以通过已掌握的知识来使用界面，因此设计时不应超出其常识范围。

7. 从用户习惯考虑

想用户所想，做用户所做。应考虑到用户总是按照他们自己的方法理解和使用。

8. 排　列

一个有序的界面能让用户轻松地使用。

9. 安全性

用户能自由地做出选择，且所有选择都是可逆的。在用户做出危险的选择时，将有信息介入系统进行提示。

10. 灵活性

简单来说，就是要让用户方便地使用，但不同于上述几点内容，要具有互动多重性，不局限于单一的工具(包括鼠标、键盘或手柄、界面)。

11. 人性化

高效率和用户满意度是人性化的体现。应具备专家级和初级玩家系统，即用户可依据自己的习惯定制界面，并能保存设置。

任务 3　UI 设计的流程

1. 确认目标用户

在 UI 设计过程中，根据需求设计角色来确定软件的目标用户，获取最终用户和直接用户的需求。用户交互要考虑到由于目标用户不同而引起的交互设计重点的不同。例如，对于计算机入门用户和能够熟练使用计算机的用户的设计重点是不同的。

2. 采集目标用户的习惯交互方式

不同类型的目标用户有不同的交互习惯。用户所习惯的交互方式往往来源于其原有的针对现实的交互流程或已有软件工具的交互流程。当然，还要在此基础上通过调研分析找到用户希望达到的交互效果，并且以流程的方式确认。

3. 提示和引导用户

软件是用户的工具，因此应该由用户来操作和控制软件，软件响应用户的动作和设定的规则，提示用户交互的结果和反馈信息，并引导用户进行下一步操作。

4. 一致性原则

(1) 设计目标一致

软件中往往存在多个组成部分(组件、元素)，但不同组成部分之间的交互设计目标需要一致。例如，以计算机操作初级用户作为目标用户，以简化界面逻辑为设计目标，那么该目标需要贯彻软件(软件包)整体，而不是局部。

(2) 元素外观一致

交互元素的外观往往影响用户的交互效果。同一个(类)软件采用风格一致的外观，对于保持交互的焦点、改进交互效果有很大帮助。遗憾的是，如何确认元素外观一致没有特别统一的衡量方法，因此需要对目标用户进行调查来取得反馈。

(3) 交互行为一致

在交互模型中，对于不同类型的元素，用户触发相应的行为事件后，其交互行为要一致。例如，所有需要用户确认操作的对话框都应至少包含“确认”和“放弃”两个按钮。

对于交互行为一致性原则比较极端的理念是：相同类型的交互元素所引起的行为事件相同。但是，我们可以看到，虽然这个理念在大部分情况下是正确的，但是的确有某些特别的例子证明不按照这个理念设计反而会更加简化用户操作流程。

5. 可用性原则

可用性是指用户要使用软件，首先得理解软件中各元素对应的功能。如果该功能不能为用户所理解，那么就需要提供一种非破坏性的途径，使用户可以通过对该元素的操作来理解该元素对应的功能。比如：删除操作元素，用户可以通过单击删除操作按钮来提示用户如何进行删除操作，或者是否确认删除操作，这样可以使用户更加详细地理解该元素对应的功能。应使用户成为交互的中心，交互元素对应用户需要的功能，因此交互元素必须能够被用户控制。

用户可以用诸如键盘、鼠标之类的交互设备，通过移动和触发已有的交互元素获得在此之前不可见或者不可交互的交互元素。

要注意的是，交互的次数会影响可达到的效果。如果一个功能被深深隐藏（一般来说超过4层），那么用户用到该元素的概率就会大大降低。

可达到的效果也与界面设计有关，过于复杂的界面会影响可达到的效果。

对于可控制软件的交互流程，用户应该可以控制；对于功能的执行流程，用户也应该可以控制。如果确实无法为用户所控制，则应使用能为目标用户理解的方式进行提示。

任务4　UI设计中的色彩

色彩在UI设计中起着至关重要的作用，其可以用一张照片吸引用户的视线，唤起特定的情绪或情感。在一些没有文字的场景中，色彩尤为重要。我们如何知道哪些颜色搭配起来比较好看呢？这就是我们要学习的色彩理论。

艺术家和设计师已经遵循色彩理论数百年了，任何人都可以学习色彩理论，它可以帮助用户在许多不同条件下正确地使用色彩，无论是设计还是简单的衣着搭配。用户只需要对色彩理论有一点浅显的了解，便能以全新的方式看待色彩。

1. 了解主色、辅助色、点缀色

（1）主　色

主色，顾名思义，是整幅作品或者设计的主要色彩，影响着用户对整个作品或者设计的感官印象。设计者想要传达的感受主要是由主色传达出来的，其颜色不可替代，如果换了别的颜色，整幅作品传达的主题就改变了。

根据定义，有3种区分主色的方式。

① 整个画面中，面积大且纯度高的色彩就是主色，如图1-1所示。

② 整个画面中，相比于面积大但纯度低或者明度低的色彩，那些面积虽然稍小，但用户一眼就能在画面中看到的色彩，就是主色，如图1-2所示。

③ 主色也存在双主色的情况。两种色彩面积是等量的，可以给人留下深刻的印象。双主色的搭配，往往更具有个性，如图1-3所示。

图 1－1　主色(第 1 种方式)

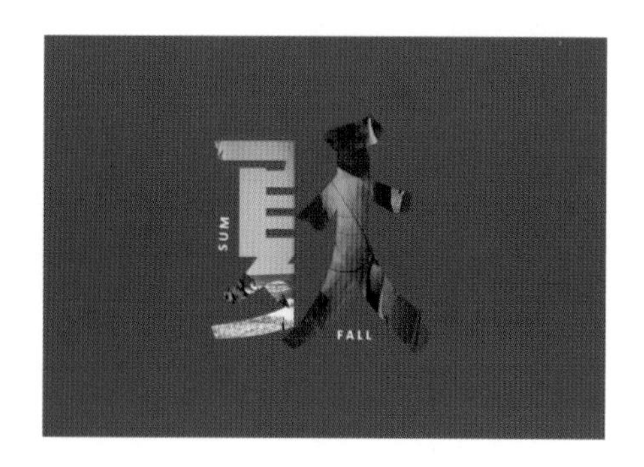

图 1－2　主色(第 2 种方式)

图 1－3　主色(第 3 种方式)

(2) 辅助色

辅助色的作用是帮助主色建立更完整的形象。若主色本身已经很完美了，那么没有辅助色也是可以的。

辅助色的选择，一般有以下 2 种方法：

① 辅助色选择主色的同类色，可达到画面统一和谐的效果，如图 1－4 所示。

图 1－4 中水母为灰蓝的主色，辅助色就是旁边的不同层次的蓝色，用来烘托主色。

② 选择主色的对比色，可使画面刺激、活泼和稳定，如图 1－5 所示。

图 1－5 中橙色和蓝色是对比色，整个画面具有强烈的视觉冲击效果，但画面整体看上去又很稳定。

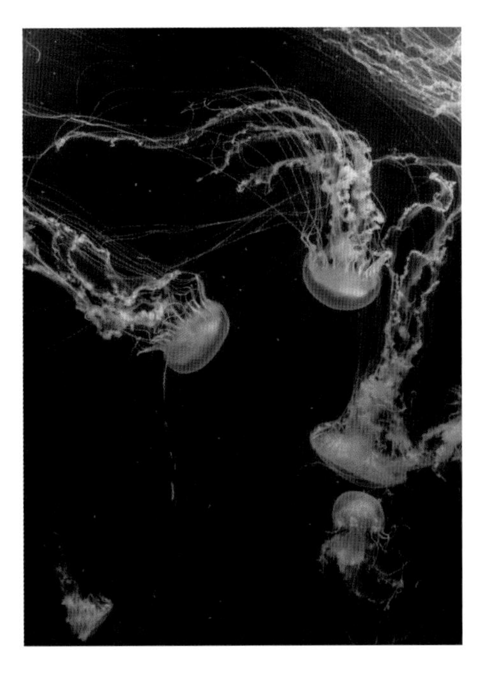

图 1-4　辅助色(第 1 种方法)

(3) 点缀色

点缀色起牵引和提醒的作用,面积一般比较小。点缀色可以是多种颜色。点缀色多了,也可以形成一定的风格,如图 1-6 所示。

图 1-6 中绿色就是整张图的点缀色,能吸引观众注意或者引导视线。

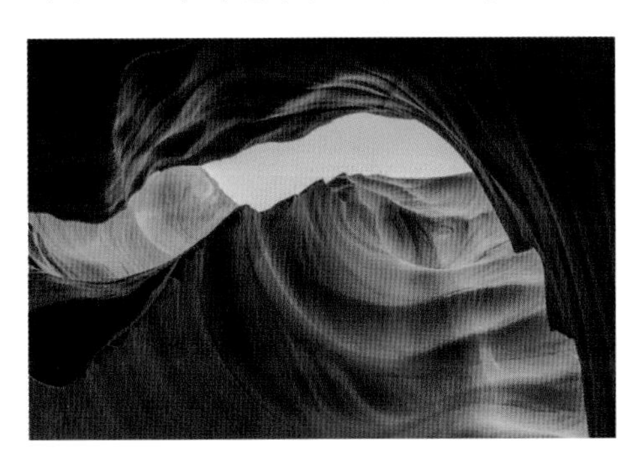

图 1-5　辅助色(第 2 种方法)

图 1-6　点缀色

点缀色的特点如下:

- 出现次数比较多。
- 颜色跳跃。
- 可引起阅读性。
- 与其他颜色反差较大。

(4) 主色和辅助色的区分

主色不一定是面积大的色彩,但一定是抢镜的颜色。在色彩作品中,这个色彩第一时间进入用户的视线,并且影响整个作品的感官和印象,不可替换,如果替换了就会更换主题。

辅助色是为了更好地表达主色所传达的思想，可选同类色或对比色，可有可无。辅助色是否选用的决定权在于配色者自身的喜好。

2. 色彩常识

下面是一些关于色彩的常识：

红色＋黄色＝橙色；黄色＋蓝色＝绿色；蓝色＋红色＝紫色。

这么看来，红色、黄色、蓝色这三种颜色是不可调和色，被称为三原色，它们是不能用其他颜色搭配出来的。而橙色、紫色、绿色是调和出来的颜色，被称为三间色，它们可以通过三原色的相加调和出来。如果将这些颜色混合在一起，就可以得到更多的颜色，如红橙和黄绿。总而言之，它们形成了所谓的色轮，如图 1－7 所示。

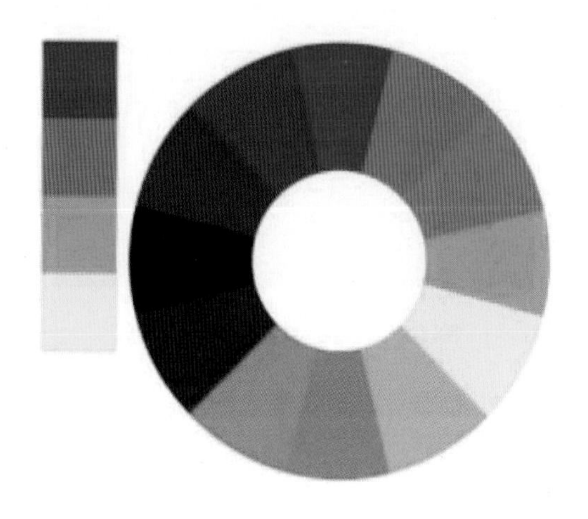

图 1－7　色　轮

色相环的圆圈里，各个颜色在不同角度排列，十二色相环每一个色相间距为 30°，二十四色相环每一色相间距为 15°。

现在，进一步了解色相、饱和度和明度。这 3 个术语在平时可能不常见，但综合在一起可以搭配出很多更微妙的颜色，就像家装过程中的油漆配色一样。

① 色相是最简单的，基本上就是用户所说的“颜色”。即各类色彩的相貌称谓，如大红、普蓝、柠檬黄等。色相是色彩的首要特征，是区别各种不同色彩的标准。事实上任何黑白灰以外的颜色都有色相的属性，而色相就是由原色、间色、复色构成的。

② 饱和度是指颜色的鲜艳度，饱和度取决于该色中含色成分和消色成分（灰色）的比例。含灰色成分越大，饱和度越大；消色成分越大，饱和度越小。

③ 明度与颜色的深浅相关，从黑到白；明度是眼睛对光源和物体表面明暗程度的感觉，主要是由光线强弱决定的一种视觉体验。明度不仅取决于物体的照明程度，也取决于物体表面的反色系数。

用户可以利用一些颜色搭配方式和公式来创造专业的配色方案。用户只需要一个具有色调、饱和度、明度的色轮，即可提取出单独的色调和颜色。

如图 1－8 所示，选择拾色器最右上方的颜色，同时往左拖动鼠标加入白色，可以降低饱和度；往下拖动鼠标则加入黑色，可以降低明度。白色与黑色之间为灰色区域，在这个区间鼠标拖动，可以调节颜色的饱和度和明度，这样就能创造出很多的颜色。

图 1－8　提取色调和颜色

单色配色的最好之处是只动用饱和度和明度，色调不变，但能够保证匹配，如图 1－9 所示。

图 1－9　单色配色

邻近色搭配是使用色轮中彼此相邻的色彩进行搭配，例如，红色和橙色，蓝色和绿色，如图 1－10 所示。

图 1－10　邻近色搭配

不要害怕色彩搭配不好，大胆的尝试可以创造更好的配色方案。

互补色搭配的颜色彼此相对，例如，蓝色和橙色，红色和绿色。为了避免互补色配色方案过于简单化，通常引入一些更深、更浅或者一些不同饱和度的颜色来进行对比，如图 1－11 所示。

图 1－11　互补色搭配

分裂补色配色方案是使用与主色调相对的颜色的相邻色调进行配色的，除了能够加强对比以外，还能够有更多不同的色彩搭配，如图 1－12 所示。

分裂补色的组合效果往往相当惊人，特别是与主色或辅色的运用。

图 1－12　分裂补色

3. 基本配色行为准则

用户在遇到一些色彩搭配的时候是否会觉得特别扎眼，搭配得不好？最简单的解决办法就是降低背景颜色的饱和度和明度，与主体形成对比，选择一种颜色，并尝试调整其亮度、暗度或饱和度，有时候增加一点对比度就能满足用户的画面需求。

可读性是任何设计的必备要素，搭配的颜色应该清晰易读，不要过多地使用大量色彩，可选用中性颜色，如黑色、白色和灰色，以帮助用户平衡画面。使用的颜色能够使需要表达的信息真正脱颖而出，在颜色搭配上才称得上是好的设计。

每种颜色都有自己特定的寓意。对设计者来说，重要的是考虑到项目的色调，并选择一种合理的配色方案。例如，明亮的颜色往往能够带来有趣或者现代感的气氛。低饱和度的色彩搭配往往会受到用户的喜爱。

用户可以通过广告、名家艺术作品去找到一些好的配色，也可以通过配色网站获取精美的配色。

4. 颜色在电脑中的种类

(1) 色光混合

不同量的红、绿、蓝(RGB 加色原则)混合可以呈现其他颜色，故被称为色光三原色。等量纯度的色光原色混合为白色光。色光混合又称加法混合或者正混合。

(2) 油墨混合

从动物、植物、矿物质中提取的以及化学制剂合成的颜料通过不同比例的混合可以呈现多种色彩。青、品、黄(CMY 减色原则)三种颜色是不能通过混合形成的颜色，称为颜料三原色。等量纯度的原色混合为黑色。颜料混合又称减法混合或负混合。

5. UI 界面中颜色运用

一款 App 的界面颜色应该不超过三个色系，分别是主色、辅助色和点缀色。其中，主色(75%)决定了界面的风格趋向；辅助色(20%)使界面更丰富；点缀色(5%)引导阅读、装饰画面。如图 1-13 所示，黄色为主色，灰白色为辅助色，深蓝色为点缀色。

图 1-13 App 颜色界面(1)

中国移动 App 设计颜色一般控制在 1～2 个，辅助色以黑、白、灰为主。

常见 App 界面颜色为蓝色，例如，facebook、twitter、skype、支付宝等，如图 1-14 所示。蓝色可以体现科技感和信任感，但不是所有应用都适合蓝色。

(1) 同类色混合

在 App 中，颜色的协调感是非常重要的，在实际使用过程中为了受众客户能长时间地持久阅读，在读书类软件界面的配色搭配上可以使用同类色混合，如图 1-15 所示。

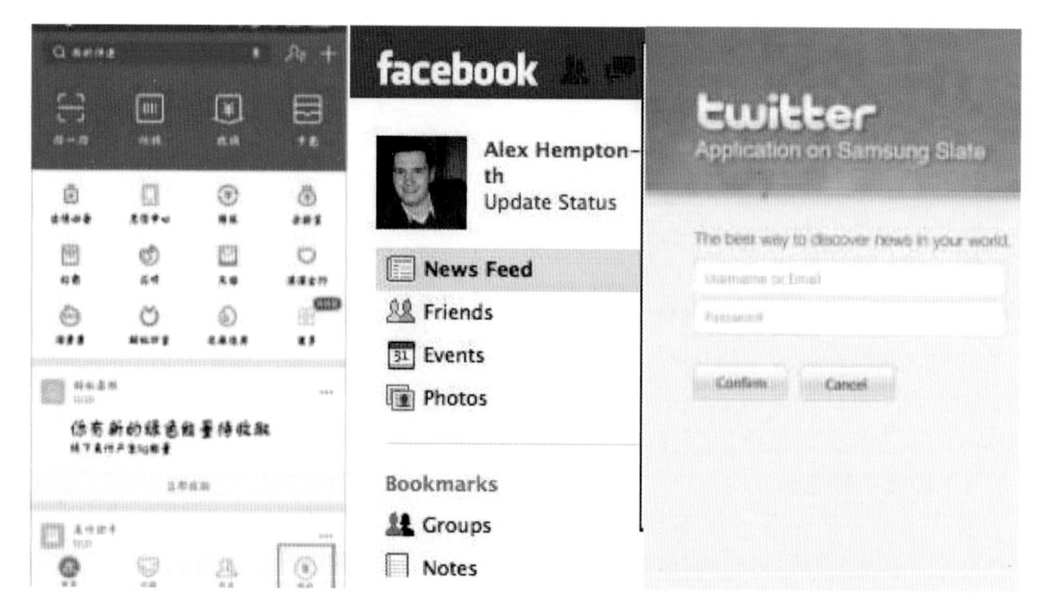

图 1-14　App 颜色界面(2)

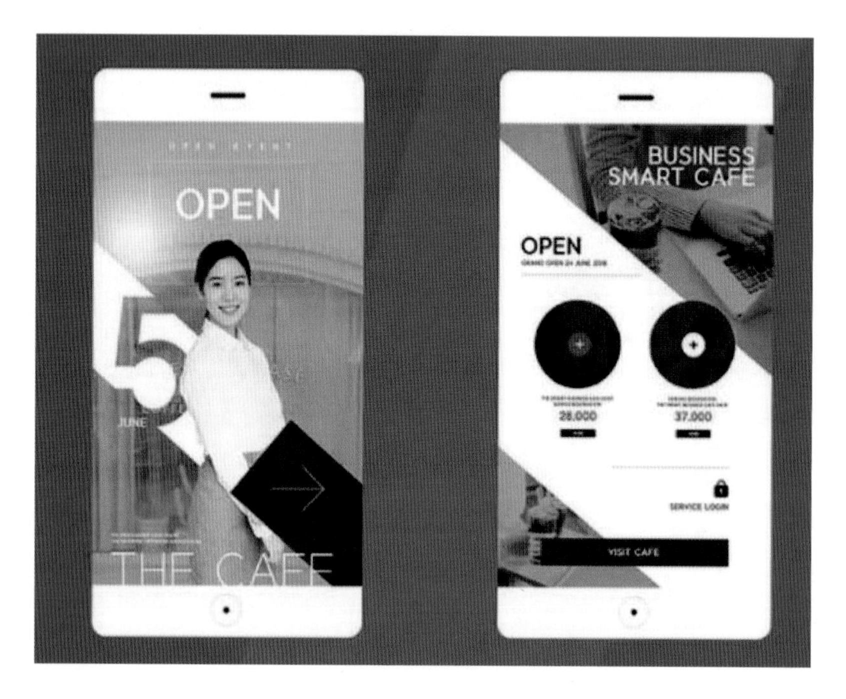

图 1-15　同类色混合使用

(2) 相邻色混合

相邻色混合是寻找色相环中相邻 90°范围内的颜色作为搭配。在 App 中使用相邻色混合,可以让画面构建更稳定,使客户浏览起来更加舒适。在 App 中使用同类色混合和相邻色混合是最好的选择,如图 1-16 所示。

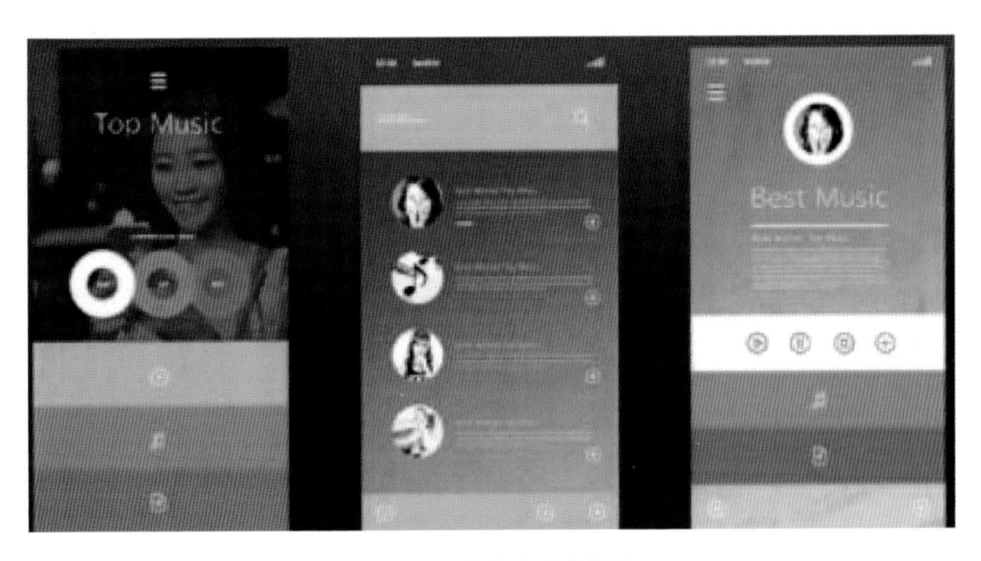

图 1－16　相邻色混合使用

(3) 消色混合

在 App 中采用消色混合，使用黑白灰与单一色彩进行搭配。这类颜色不但不会让人感觉枯燥，而且还会带来高级感，如图 1－17 所示。

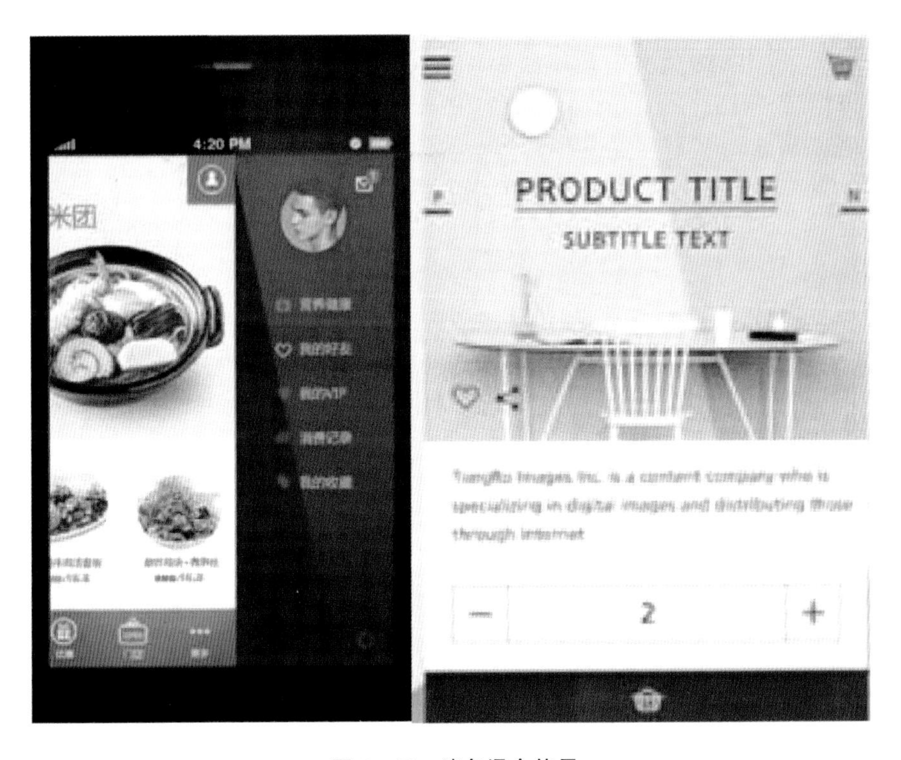

图 1－17　消色混合使用

(4) 补色对比

App 中使用补色对比时，在色轮中选用相差 180°的两种互相对立的颜色进行搭配，会产生很强的视觉冲击力，一般用于在界面整体色调与按钮之间的搭配，如图 1－18 所示。

图 1－18　补色对比使用

注意：使用补色对比时，一定要注意两种颜色的面积对比、饱和度对比。当一种颜色的饱和度相对较高时，一定要降低另一种补色的饱和度。

6. 常用的配色网站

① COLOURlovers	http://www.colourlovers.com/
② NIPPONCOLOURS	http://nipponcolors.com/
③ Color	http://color.koya.io/
④ Colorfavs	http://www.colorfavs.com/
⑤ Uigradients	http://uigradients.com/#FreshThurboscent
⑥ MD 配色	http://www.materialpalette.com/
⑦ 配色方案设计师	http://colorschemedesigner.com/csd-3.5/
⑧ Adobe 配色工具	https://color.adobe.com/zh/create/color-wheel/

任务 5　UI 设计中的 UE 原型设计

为了让用户能够更直观地评估产品设计，避免将错误带入最终的产品中，而根据构思设计产品的草图案本，称为原型设计。UI 设计与其他平面设计不同，其创作过程时间周期较长，所以原型设计在 UI 设计中是至关重要的环节。

原型设计包含概念原型。概念原型是一种用户能理解的模型，它能够描述系统应该做什么、如何运作、外观怎么样等问题，如图 1－19 所示。

根据设计的目的及难易程度，我们把概念原型分为初级原型和高级原型。

① 初级原型。用户通过该原型，对客户需求有了一个外在呈现，能更直观地展示产品特征。初级原型也为设计者的思路落到实处提供了途径。初级原型又分为两类：线框图和低保

图 1-19　概念原型

真，分别如图 1-20、图 1-21 所示。

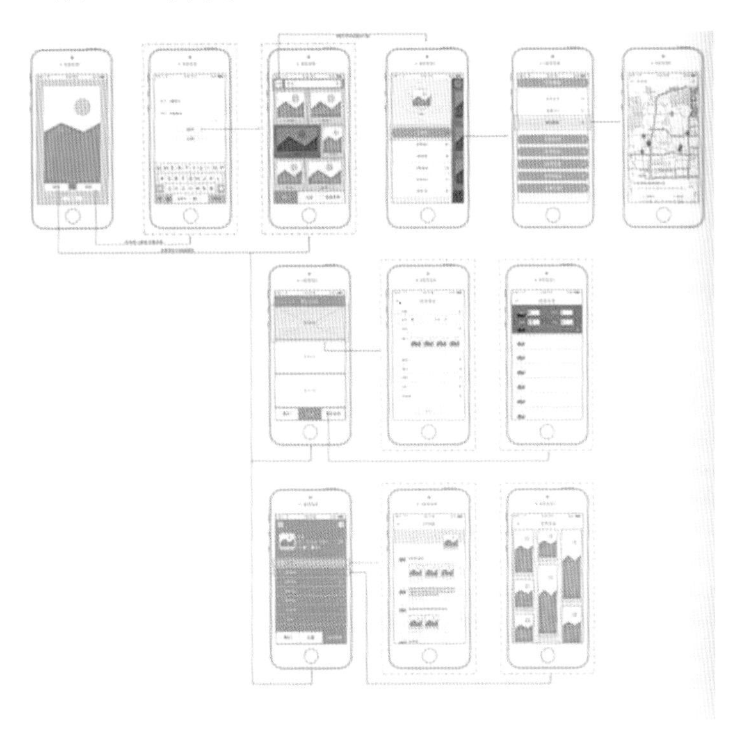

图 1-20　线框图

② 高级原型。在产品逻辑、交互逻辑、视觉效果等方面无限接近于最终产品的形态。这样，不熟悉产品的用户也能通过观察界面来掌握使用该产品的方法。

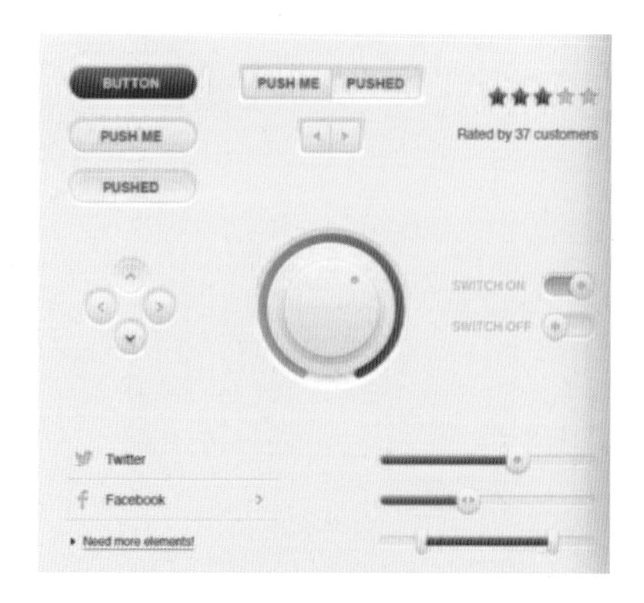

图 1 - 21　低保真

1. 原型设计中的界面模式

① 启动界面，即应用启动后的第一个界面，如图 1 - 22 所示。启动界面有两种展现形式：第 1 种是现实图标、服务名称，以便增强产品认知度；第 2 种是显示与应用首页类似的界面，缩短用户等待时间。

图 1 - 22　启动界面

② 过场界面，在首次启动应用时向用户介绍产品主要特点和功能。设有“跳过”按钮和滑动区，优化了用户体验，如图 1－23 所示。

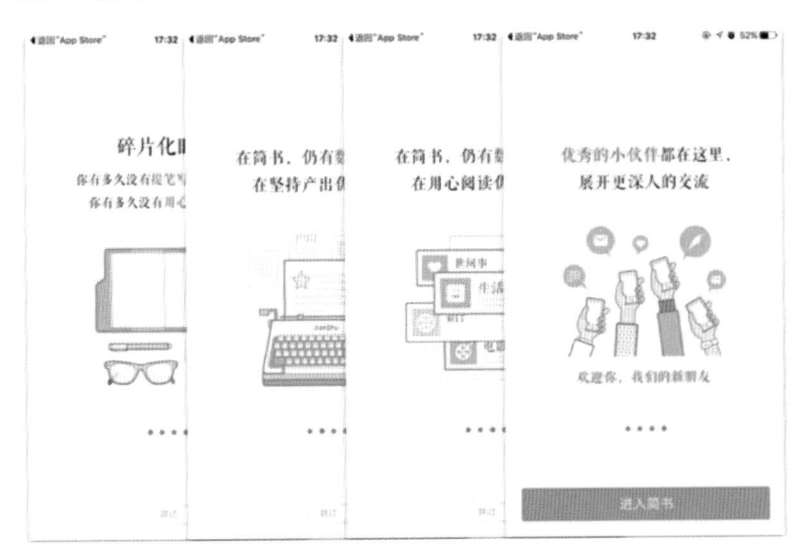

图 1－23　过场界面

③ 教程界面，即叠加于实际程序界面之上的临时界面，用于介绍界面 UI 的功能，还能提示用户应该执行什么样的操作。教程界面有两种展现形式：第 1 种是完全覆盖；第 2 种是气泡消息，如图 1－24 所示。

图 1－24　教程界面

④ 首页，其门户界面是顶层界面，用于显示各种各样的信息，可通过导航功能将其他界面关联起来，如图 1－25 所示。

⑤ 列表界面，用于连续显示相关内容，是最为常见的一种二级界面模式，如图库界面、搜索结果界面、通知/活动界面等，如图 1－26 所示。

图 1－25 首页界面

图 1－26 列表界面

⑥ 详情界面，显示特定的条目信息，层级较深，应用场景为图片、视频、文章及地图等信息，如图 1－27 所示。

2. 原型设计中的基本组件

① 状态栏，显示移动设备时间、网络连接、电量等基本信息，如图 1－28 所示。

② 导航条，显示 App 界面引导提示信息，如图 1－29 所示。

③ 主内容区，显示 App 界面的具体组成信息，如图 1－30 所示。

④ 标签栏，即页面项目的分类显示，如图 1－31 所示。

图 1－27 详情界面

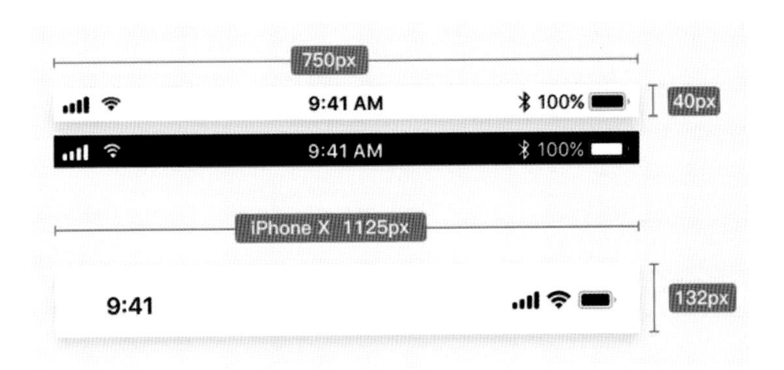

图 1－28　状态栏

图 1－29　导航条

图 1－30　主内容区

图 1－31　标签栏

任务 6　UI 设计的就业前景

UI 设计行业在全球软件业刚刚兴起，属于高新技术设计产业，与国外处于同步发展水平。国内外众多大型 IT 企业（例如百度、腾讯、Yahoo、中国移动、联想、网易、微软、盛大、淘宝等）相继成立了独立的 UI 设计部门，但专业人才稀缺，人才资源争夺激烈，就业市场供不应求。

【本章习题】

1. 通过互联网进行资料查询，说说自己所认识的 UI 设计。
2. 课堂讨论对 UI 设计还有什么疑问。

第 2 章　基础图标的设计与制作(1)

【本章目标】

① 制作基础图标；

② 了解手机界面图标制作的基本操作步骤；

③ 理解图标设计的流程。

任务 1　微信图标的设计与制作

微信图标设计与制作的步骤如下：

① 新建文件。选择“文件”→“新建”命令，或按 Ctrl＋N 组合键，打开“新建”对话框(见图 2-1)，在该对话框中的“名称”文本框中输入文件名称，设置文件尺寸、“分辨率”“颜色模式”和“背景内容”等选项，单击“确定”按钮，即可创建一个空白文件。

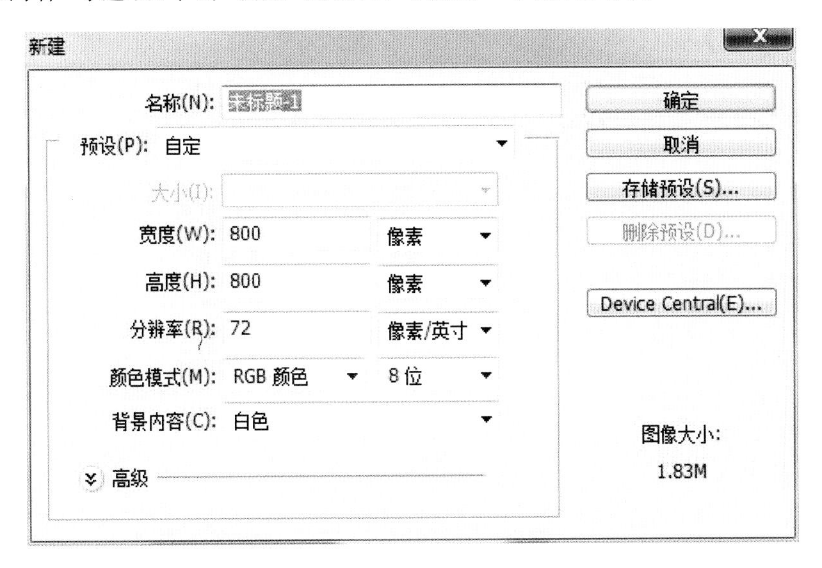

图 2-1　“新建”对话框(微信图标)

② 使用圆角矩形工具绘制一个半径为 80 像素的圆角矩形，并将其颜色依次填充为 R:70、G:190、B:13，如图 2-2 所示。

③ 右击“圆角矩形 1”图层，在弹出的快捷菜单中选择“栅格化图层”命令，然后双击“圆角矩形 1”图层，弹出“图层样式”对话框，选中“渐变叠加”复选框，将“不透明度”设置为“10”，“渐变”改为白色到黑色，“样式”设置为“径向”，如图 2-3 所示。

④ 新建图层。使用椭圆选框工具，在选项栏中将其颜色设置为白色(R:255，G:255，B:255)，在图形上绘制一个椭圆形，如图 2-4 所示。

⑤ 选择“添加锚点工具”，在椭圆形的左下角位置添加 3 个锚点。选择“转换点工具”，单

击中间的点，然后选择“直接选择工具”，把这个点向左下角拖动，如图 2-5 所示。

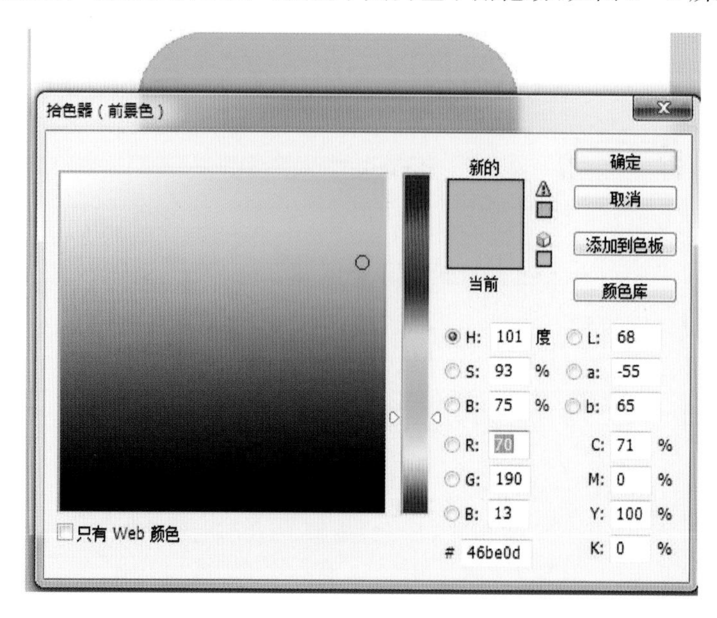

图 2-2　填充圆角矩形的颜色(1)

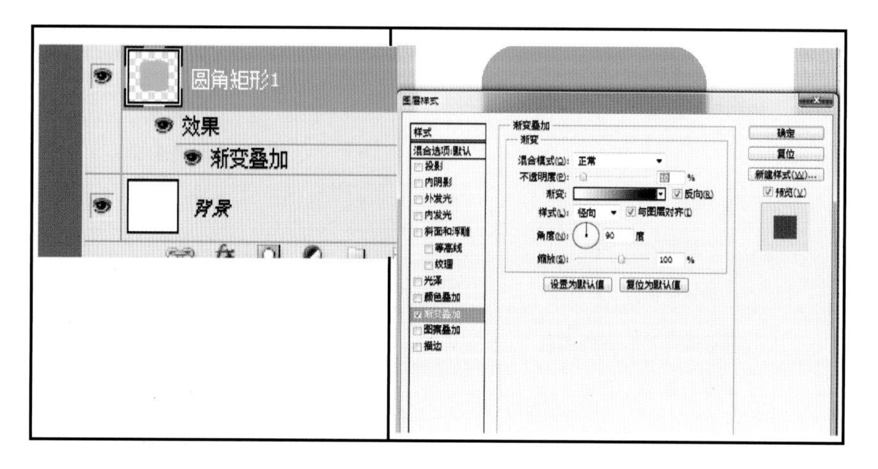

图 2-3　修改图层样式(微信图标)

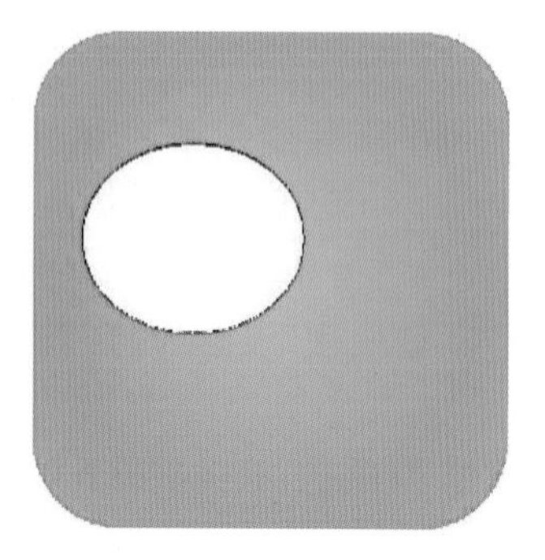

图 2-4　绘制椭圆

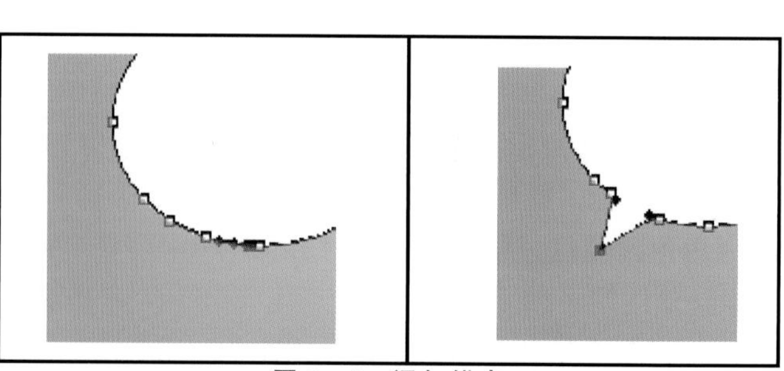

图 2-5　添加锚点

⑥ 按住 Alt 键，拖动控制柄，如图 2－6 所示。

⑦ 选择“椭圆 1”，将其拖至面板底部创建新图层，即得到“椭圆 1 副本”，如图 2－7 所示。

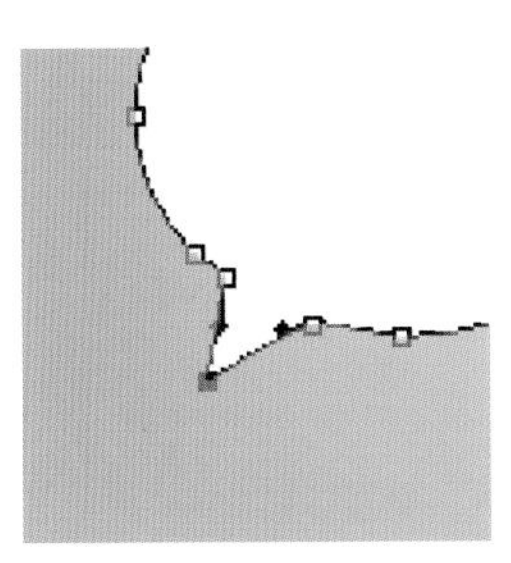

图 2－6　修改锚点位置

图 2－7　复制椭圆

⑧ 按下 Ctrl＋T 组合键后再按 Alt＋Shift 组合键，将其进行等比例缩放，完成后按 Enter 键确认，结果如图 2－8 所示。

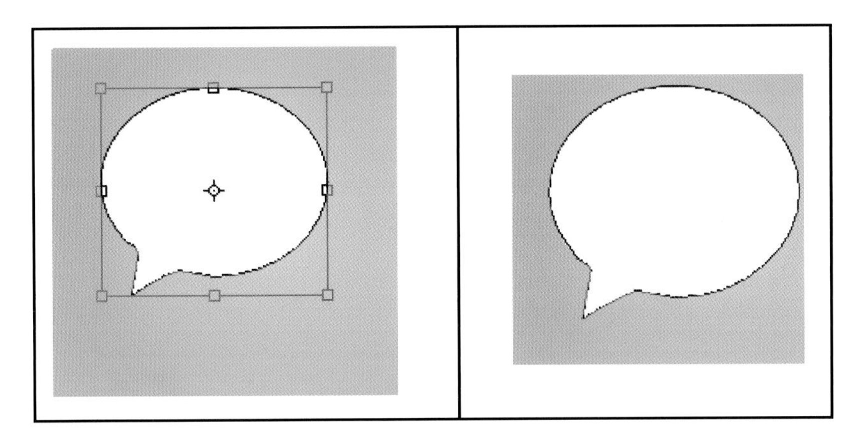

图 2－8　等比例缩放图形

⑨ 选择“圆角矩形工具”，将其颜色填充为 R:70、G:190、B:13，如图 2－9 所示。

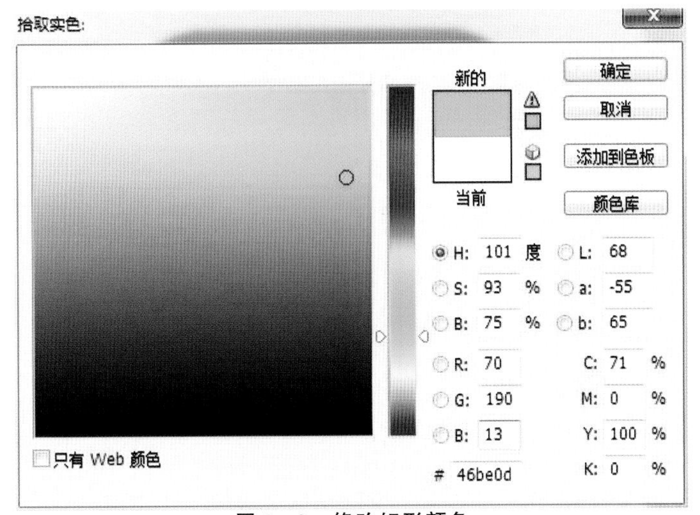

图 2－9　修改矩形颜色

⑩ 新建图层。按住 Shift 键向左上角绘制一个正圆，选中该圆然后按 Alt＋Shift 组合键，同时按向右方向键进行向右平移，将其复制，调整两个正圆的位置，此时生成“椭圆 2 副本”，如图 2－10 所示。

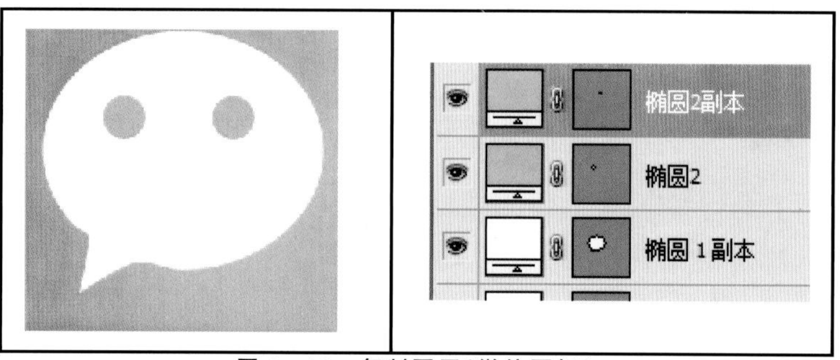

图 2－10　复制图层(微信图标)

⑪ 按住 Ctrl 键的同时选中“椭圆 1”“椭圆 1 副本”“椭圆 2”“椭圆 2 副本”等图层，然后选择“图层”→“新建”→“从图层新建组”命令，打开“从图层新建组”对话框，在“名称”文本框中输入“大脸”，单击“确定”按钮，如图 2－11 所示。

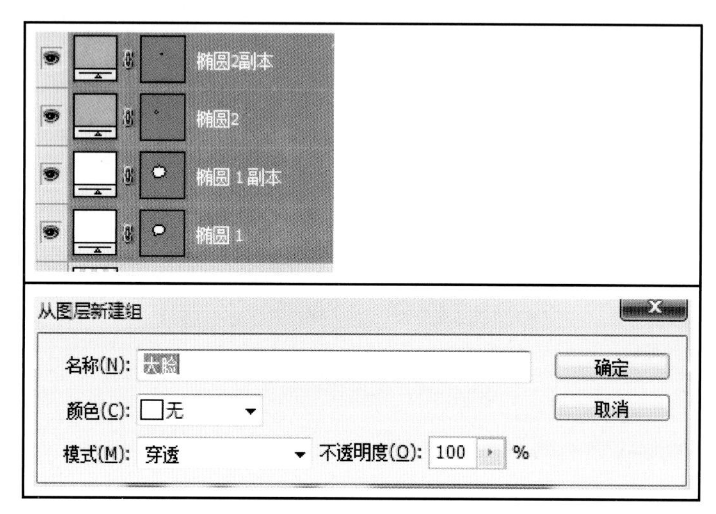

图 2－11　新建组

⑫ 选择“大脸”组，将其拖至面板底部创建新图层，得到“大脸副本”组，将其重命名为“小脸”，效果如图 2－12 所示。

图 2－12　复制组

⑬ 选中“小脸”组，按 Ctrl+T 组合键对“小脸”进行变换，右击，在弹出的快捷菜单中选择“水平翻转”，将它向右下角移动，按 Alt+Shift 组合键将图形进行等比例缩小，按 Enter 键确认。

⑭ 新建图层为“椭圆 3”，将“小脸”隐藏，选择“圆角矩形工具”，颜色填充为 R:70、G:190、B:13。在该图形中画一个椭圆，如图 2-13 所示。

图 2-13　再次绘制椭圆

⑮ 选择“椭圆 3”图层，将其移到“大脸”的右下角，并取消“小脸”的隐藏性，如图 2-14 所示。

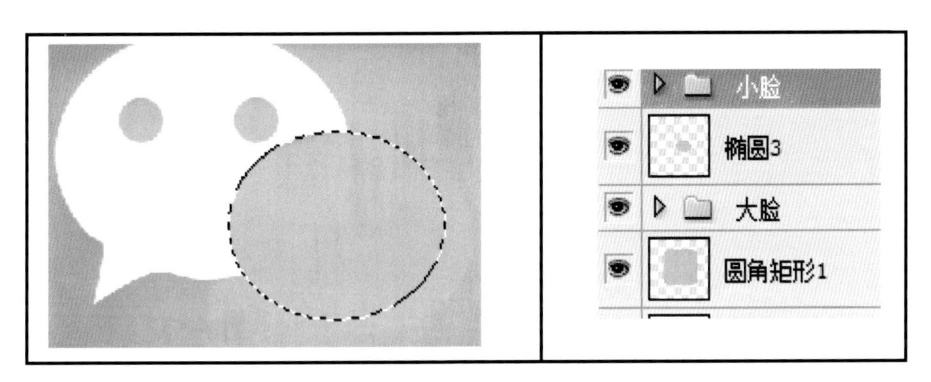

图 2-14　取消隐藏

⑯ 分别选择“椭圆 3”图层与“小脸”组，然后将其相互对照，进行调整，如图 2-15 所示。

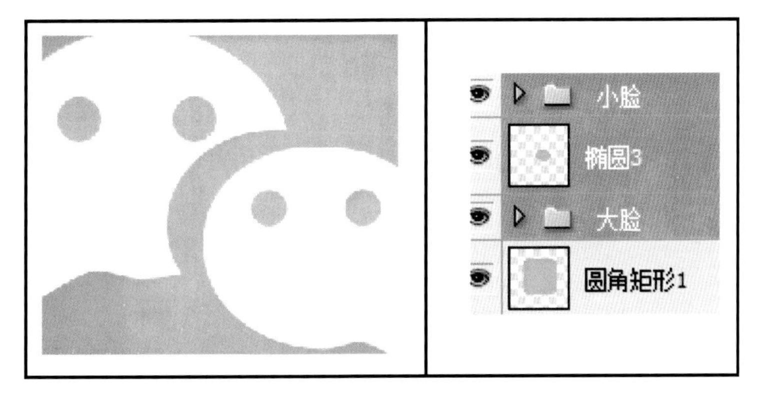

图 2-15　调整位置

⑰ 按 Ctrl 键的同时选中“大脸”组、“小脸”组、“椭圆 3”图层，向中间调整。最后得到微信图标的最终效果图，如图 2－16 所示。

图 2－16　微信图标的最终效果图

任务 2　天天动听图标的设计与制作

天天动听图标设计与制作的步骤如下：

① 新建文档。选择“文件”→“新建”命令，尺寸自定，如图 2－17 所示。

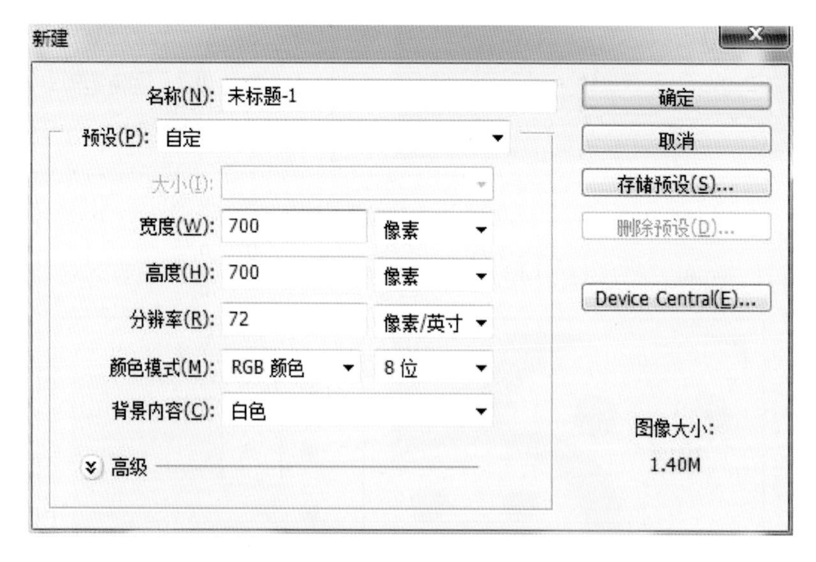

图 2－17　新建文档

② 使用圆角矩形工具绘制一个半径为 80 像素的圆角矩形，并将其颜色填充为 R:25、G:159、B:193，如图 2－18 所示。

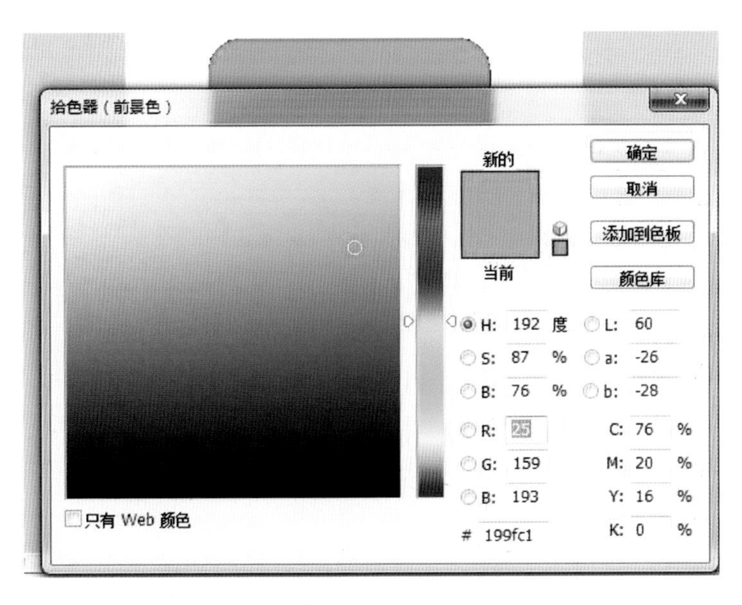

图 2－18　填充圆角矩形的颜色(2)

③ 右击“形状 1”图层，在弹出的快捷菜单中选择“栅格化图层”。双击“形状 1”图层，打开“图层样式”对话框，选中“投影”复选框，并对其他值进行设置，如图 2－19 所示。

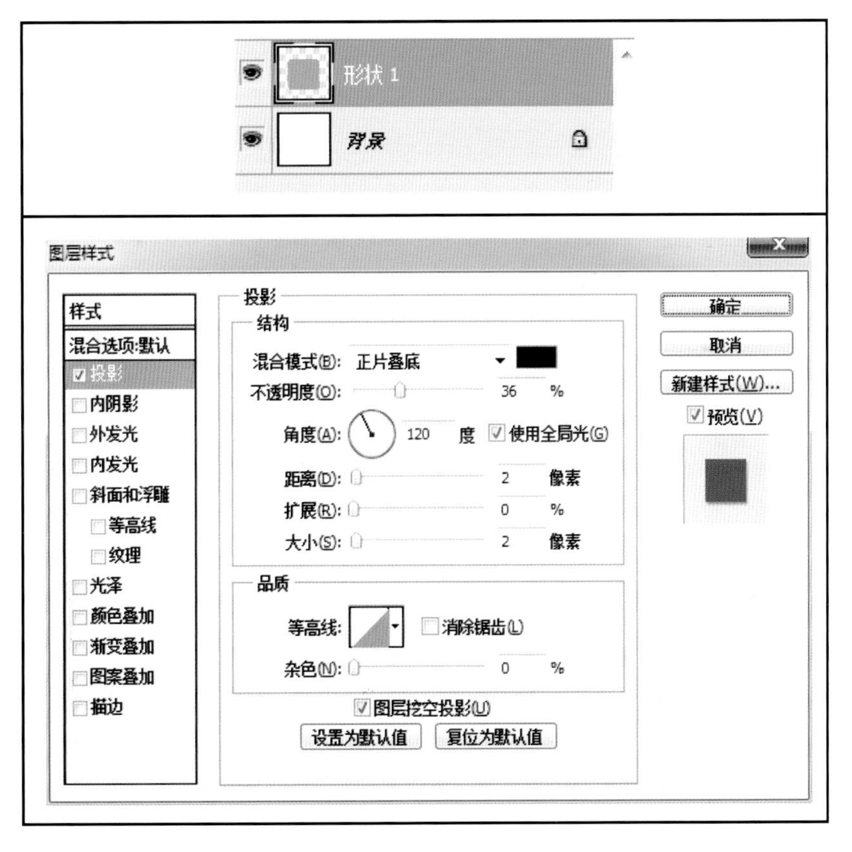

图 2－19　修改图层样式(1)(天天动听图标)

④ 选中“内阴影”复选框，设置其颜色为 R：20、G：157、B：214，并对其他值进行设置，如图 2－20 所示。

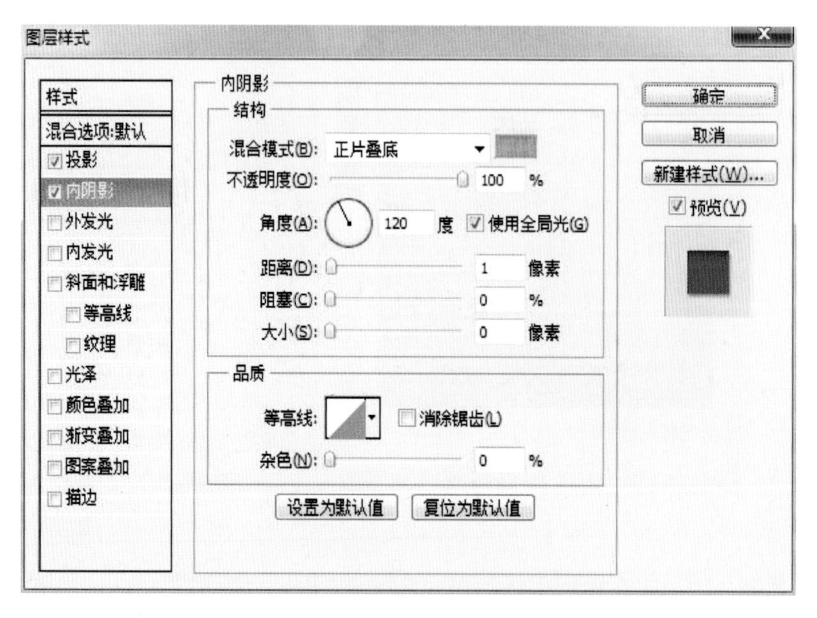

图 2－20　修改图层样式(2)(天天动听图标)

⑤ 选中“外发光”复选框，设置其颜色为 R：45、G：178、B：240，并对其他值进行修改，如图 2－21 所示。

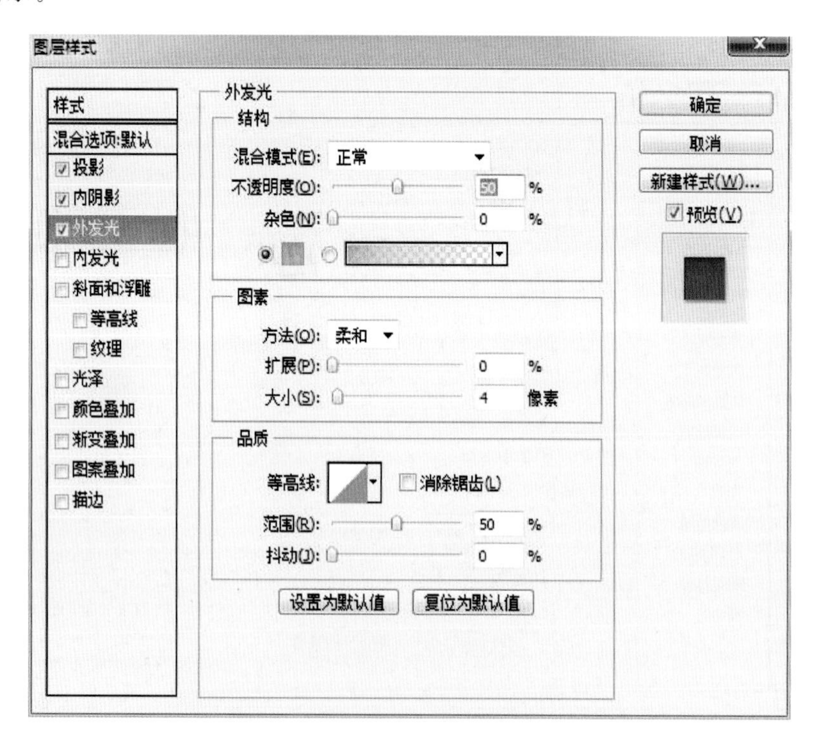

图 2－21　修改图层样式(3)(天天动听图标)

⑥ 选中“渐变叠加”复选框，在“渐变”下拉列表框中设置其颜色，将第一个色标的颜色设置为R:25、G:159、B:193，第二个色标的颜色设置为R:88、G:185、B:240，并对其他值进行修改，如图2-22所示。

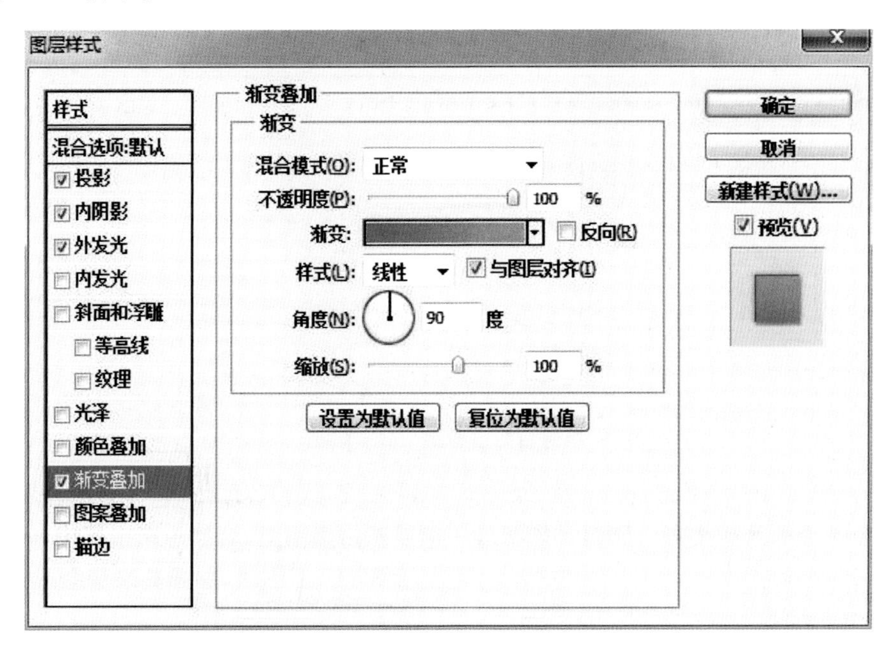

图2-22 修改图层样式(4)(天天动听图标)

⑦ 选中“描边”复选框，设置其颜色为R:33、G:190、B:224，并对其他值进行设置，如图2-23所示。得到的基本图形如图2-24所示。

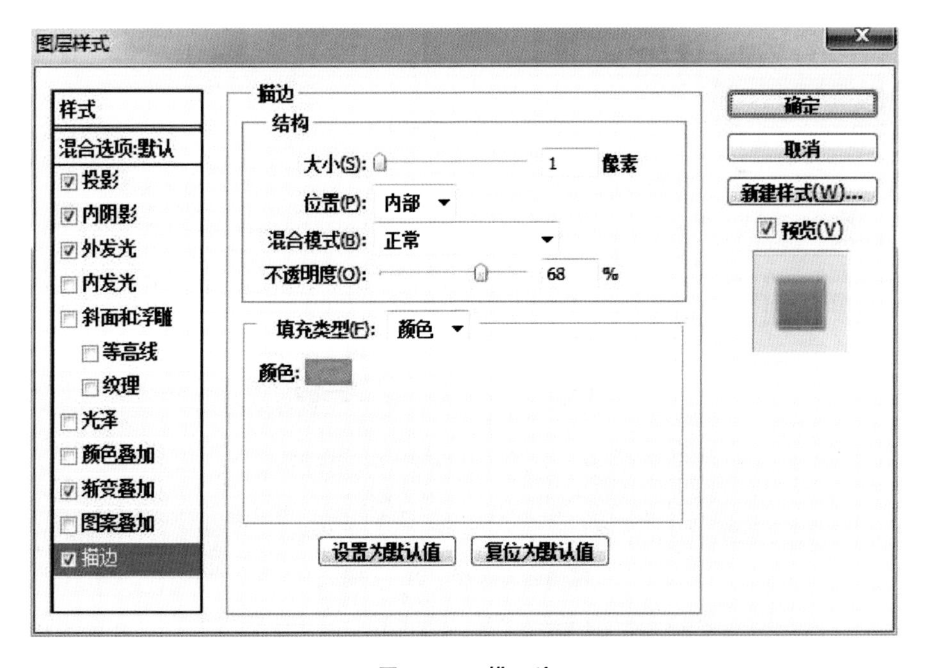

图2-23 描 边

图 2-24　图形基本效果(1)

⑧ 选择“椭圆工具”,将颜色填充为 R:255、G:255、B:255,在图形中绘制一个圆,得到“形状 2”图层。右击“形状 2”图层,在弹出的快捷菜单中选择“栅格化图层”,结果如图 2-25 所示。

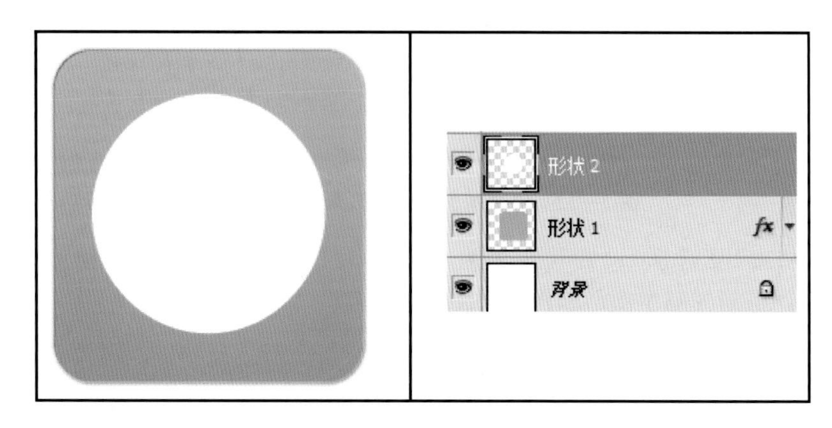

图 2-25　绘制圆形

⑨ 选择“椭圆工具”,将颜色填充为 R:25、G:159、B:193,在图形中绘制一个圆,得到“形状 3”图层。右击“形状 3”图层,在弹出的快捷菜单中选择“栅格化图层”,结果如图 2-26 所示。

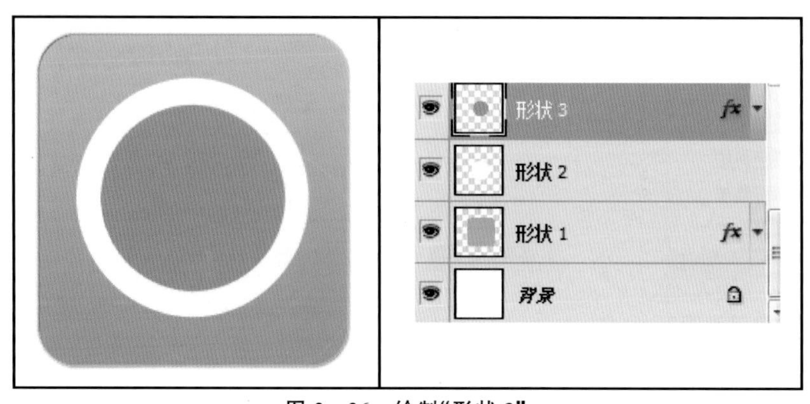

图 2-26　绘制“形状 3”

⑩ 双击“形状 3”图层，打开“图层样式”对话框，选中“投影”复选框，并对其他值进行设置，如图 2-27 所示。

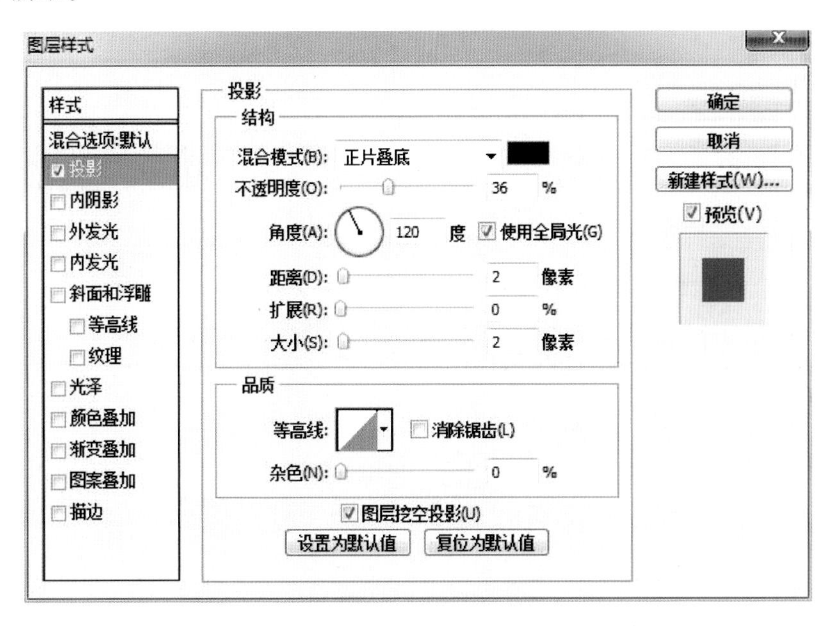

图 2-27　修改图层样式(5)(天天动听图标)

⑪ 选中“内阴影”复选框，设置其颜色为 R:16、G:153、B:210，并对其他值进行设置，如图 2-28 所示。

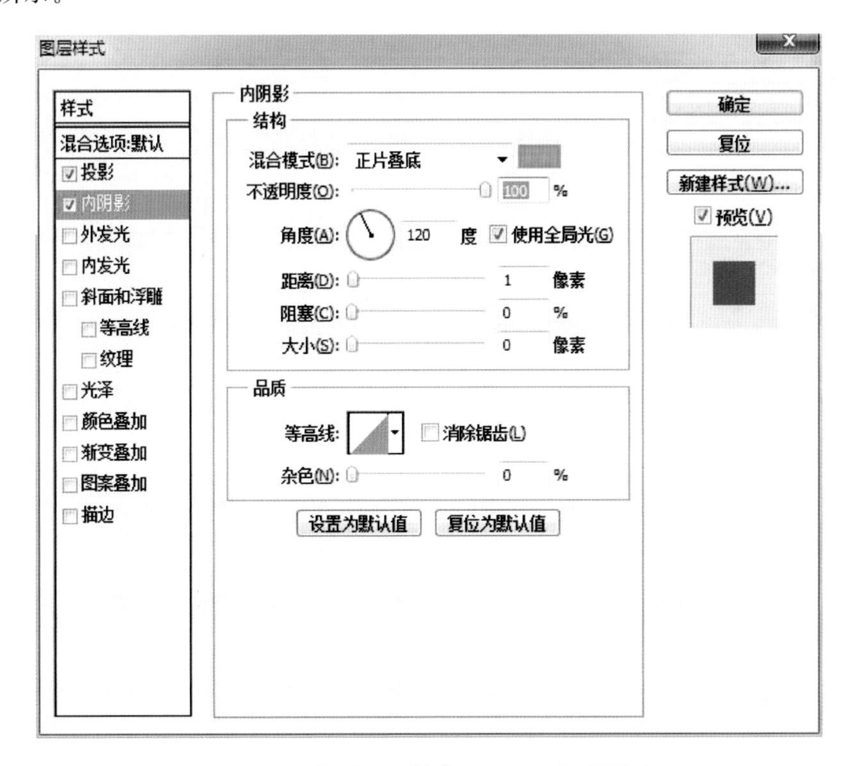

图 2-28　修改图层样式(6)(天天动听图标)

⑫ 选中“外发光”复选框，设置其颜色为 R：28、G：190、B：225，并对其他值进行设置，如图 2－29 所示。

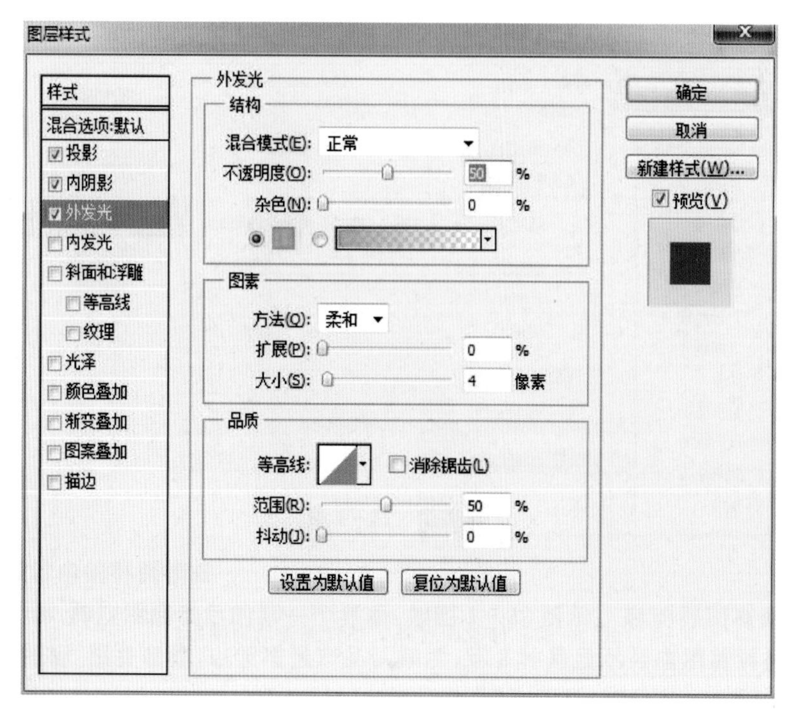

图 2－29　修改图层样式(7)(天天动听图标)

⑬ 选中“渐变叠加”复选框，在“渐变”下拉列表框中设置其颜色，将第一个色标的颜色设置为 R：15、G：152、B：209，将第二个色标的颜色设置为 R：43、G：170、B：235，并对其他值进行设置，如图 2－30 所示。

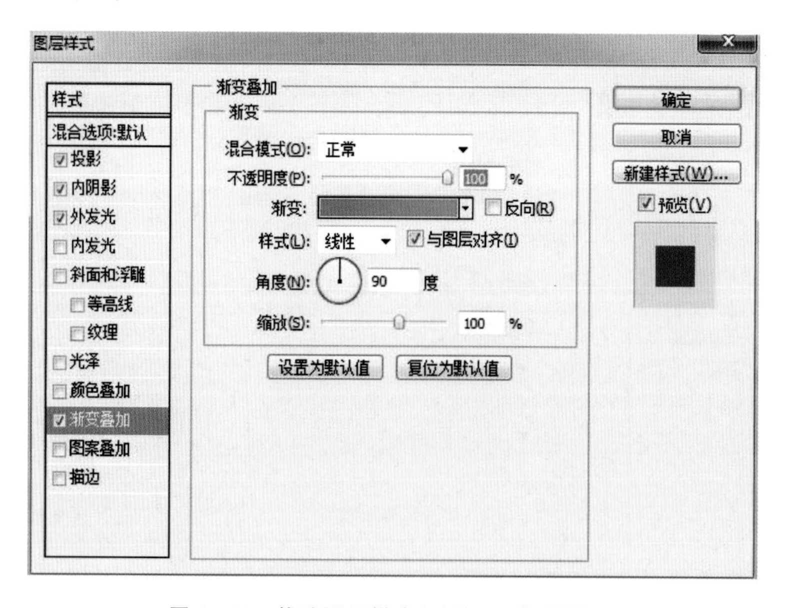

图 2－30　修改图层样式(8)(天天动听图标)

⑭ 选中“描边”复选框，设置其颜色为 R:30、G:154、B:232，并对其他值进行设置，如图 2－31 所示。得到的基本图形如图 2－32 所示。

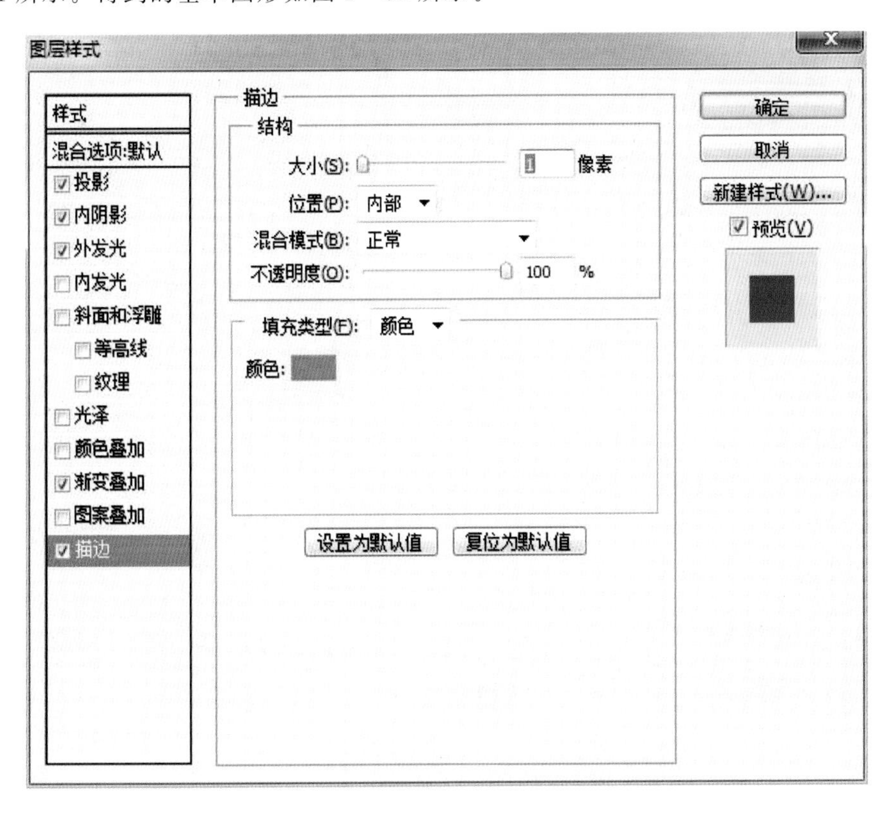

图 2－31　修改图层样式(9)(天天动听图标)

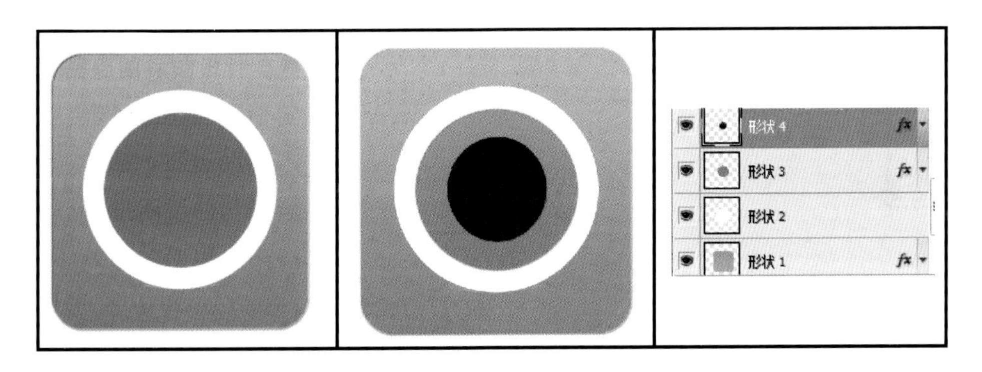

图 2－32　图形基本效果(2)

⑮ 选择“椭圆工具”，将颜色填充为 R:34、G:34、B:34，在图形中绘制一个圆，得到“形状 4”图层。右击“形状 4”图层，在弹出的快捷菜单中选择“栅格化图层”。

⑯ 选择“渐变工具”，将第一个色标的颜色设置为 R:6、G:6、B:6，将第二个色标的颜色设置为 R:65、G:63、B:56。按 Ctrl＋Alt 组合键，选择“形状 4”图层，对图层进行渐变处理，确定后按 Ctrl＋D 组合键取消，结果如图 2－33 所示。

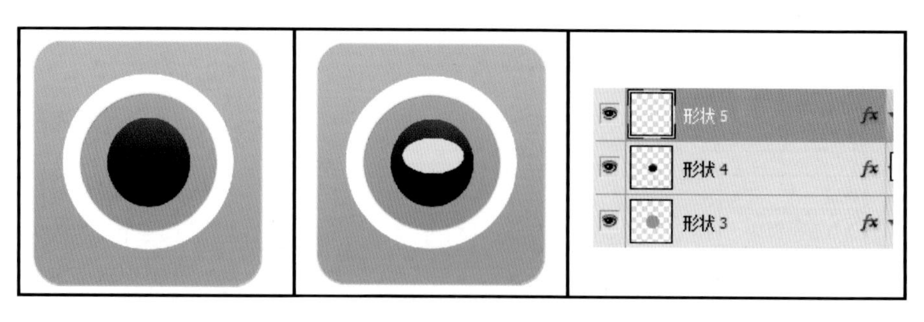

图 2-33　图形基本效果(3)

⑰ 选择“椭圆工具”,将颜色填充为 R:199、G:199、B:197,在图形中绘制一个椭圆,得到“形状 5”图层。右击“形状 5”图层,在弹出的快捷菜单中选择“栅格化图层”。

⑱ 选择“渐变工具”,将第一个色标的颜色设置为 R:214、G:213、B:200,第二个色标的颜色设置为 R:255、G:255、B:255。按 Ctrl+Alt 组合键,选择“形状 5”图层,对图层进行渐变,确定后按 Ctrl+D 组合键取消,结果如图 2-34 所示。

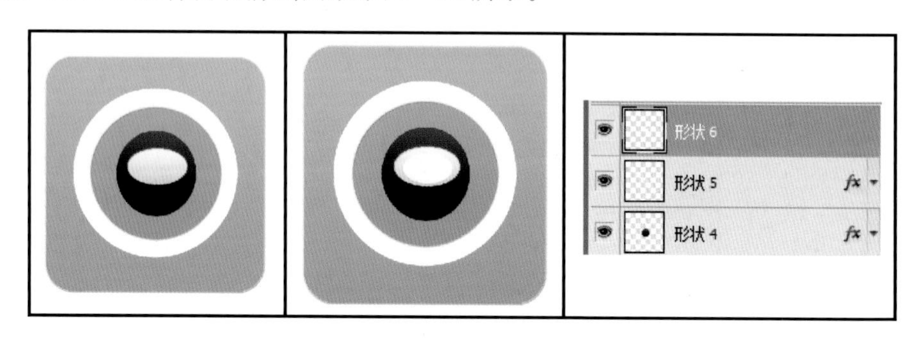

图 2-34　图形基本效果(4)

⑲ 选择“椭圆工具”,将颜色填充为 R:255、G:255、B:255,在图形中画一个椭圆,得到“形状 6”图层。右击“形状 6”图层,在弹出的快捷菜单中选择“栅格化图层”。

⑳ 选择“矩形工具”,将颜色填充为 R:255、G:255、B:255,在图形中画一个矩形,得到“形状 7”图层。右击“形状 7”图层,在弹出的快捷菜单中选择“栅格化图层”,结果如图 2-35 所示。

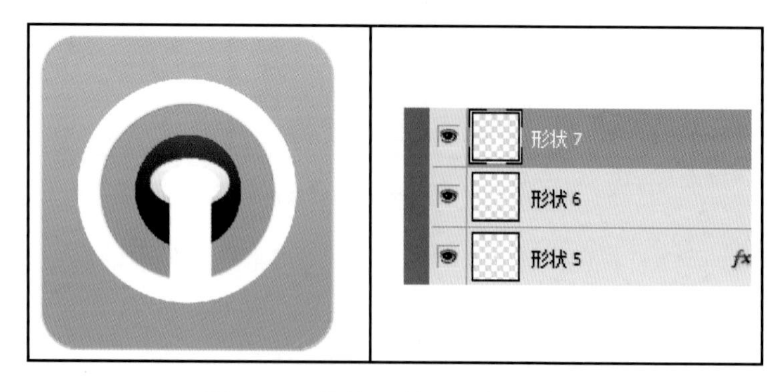

图 2-35　绘制矩形(天天动听图标)

㉑ 选择“钢笔工具”,将颜色填充为 R:199、G:199、B:197,绘制一个三角形,得到“形状 8”图层。右击“形状 8”图层,在弹出的快捷菜单中选择“栅格化图层”。按 Ctrl+T 组合键,然后

右击,在弹出的快捷菜单中选择“变形”,对三角形进行变形,结果如图 2-36 所示。

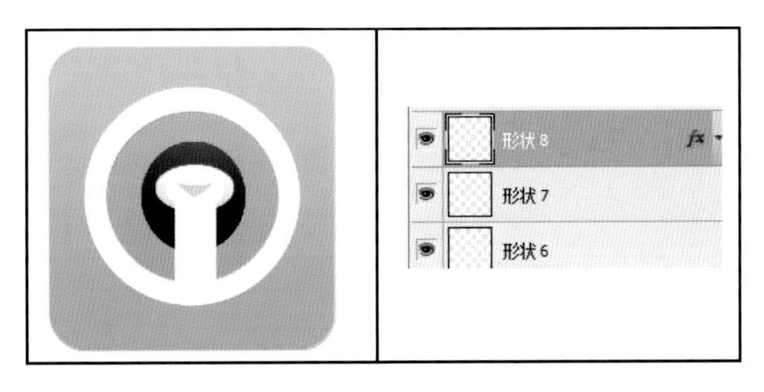

图 2-36 改变图形形状

㉒ 选择“渐变工具”,将第一个色标的颜色设置为 R:147、G:147、B:141,将第二个色标的颜色设置为 R:205、G:203、B:190。按 Ctrl+Alt 组合键,选择“形状 5”图层,对图层进行渐变,确定后按 Ctrl+D 组合键取消,结果如图 2-37 所示。

㉓ 选择“横排文字工具”,然后对“字符”进行设置,如图 2-38 所示。

图 2-37 对图层进行渐变处理后的效果

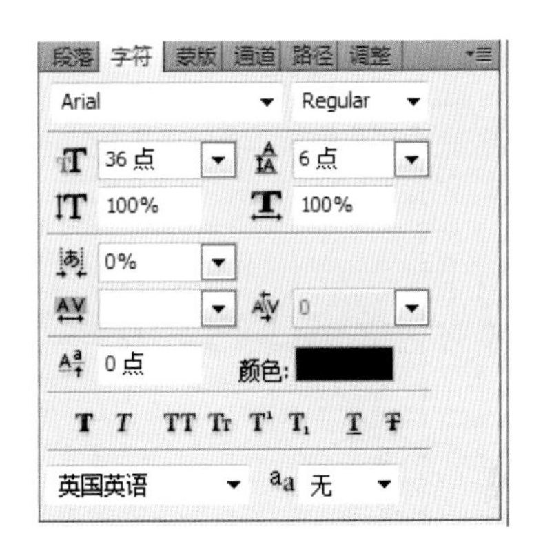

图 2-38 创建文字

㉔ 在矩形中输入“TTPOD”,然后按 Ctrl 键,对其进行翻转,得到图层“TTPOD”。天天动听图标的最终效果图如图 2-39 所示。

图 2-39 天天动听图标的最终效果图

任务3　音乐图标的设计与制作

音乐图标设计与制作的步骤如下：

① 新建画布1000像素×1000像素（全书的界面中未标注单位的尺寸均以像素为单位），分辨率为72，背景颜色改为灰色，如图2-40所示。

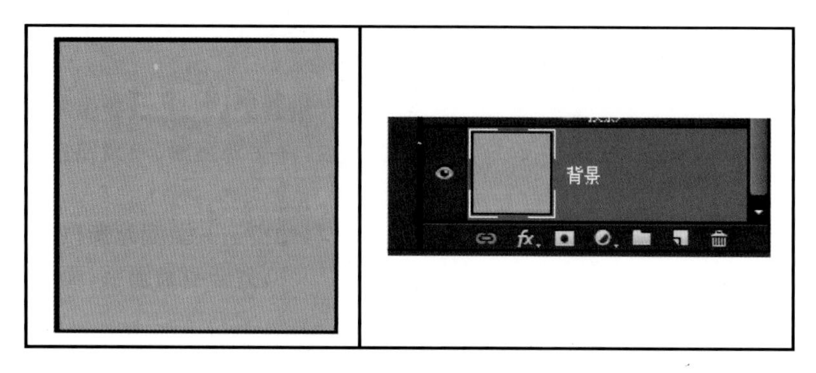

图2-40　新建画布

② 使用圆角矩形形状工具画出底部图形，大小调整为644像素×644像素，圆角半径为170像素并居中对齐，结果如图2-41所示。

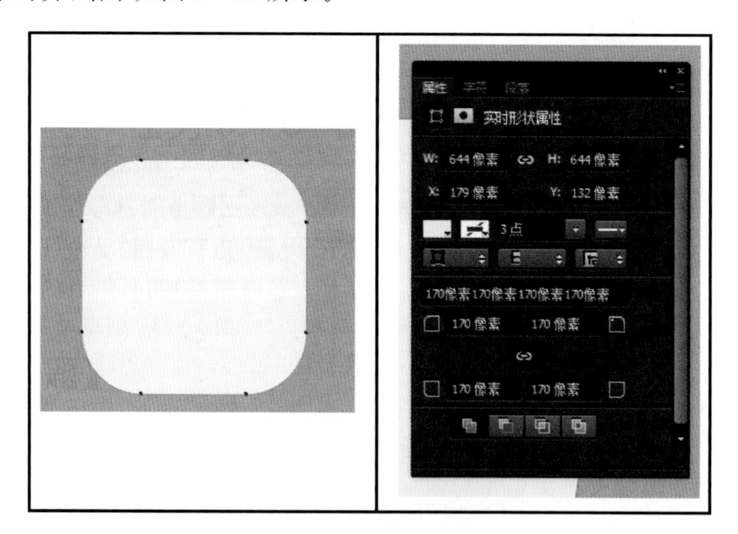

图2-41　绘制圆角矩形

③ 使用椭圆形状工具，按住Shift键的同时选择"椭圆形状工具"绘制一个直径大小为490像素的正圆，去掉描边并改名为"碟片"，结果如图2-42所示。

④ 使用路径选择工具，选中碟片路径并按Ctrl+Alt+T组合键，然后再按Shift+Alt组合键以碟心为中心，将碟片路径缩小为203像素×203像素的正圆形状，更名为"碟心2"，改颜色为黑色，结果如图2-43所示。

⑤ 以同样的方法再操作一次，这次得到158像素×158像素的正圆形状，更名为"碟心3"，改颜色为白色，结果如图2-44所示。

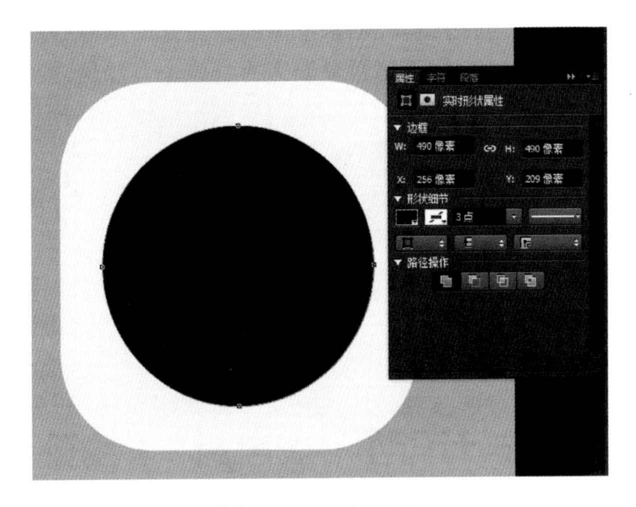

图 2-42　去掉描边

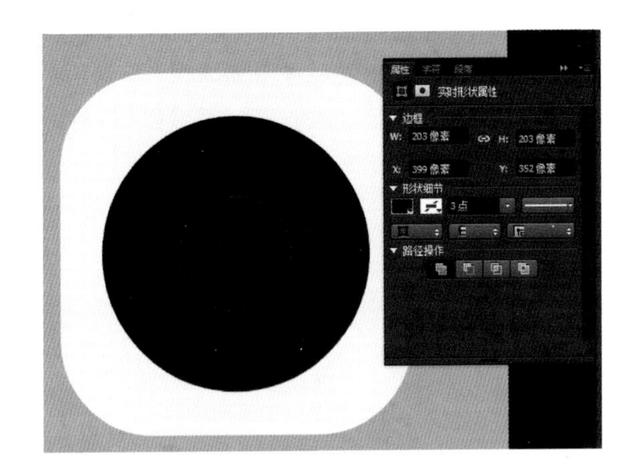

图 2-43　绘制正圆形状(1)

图 2-44　绘制正圆形状(2)

⑥ 再用相同的方法得到唱片中心的金属形状，大小为 37 像素×37 像素，颜色改为灰色，并更名为“金属轴”，结果如图 2-45 所示。

图 2-45　绘制正圆形状(3)

至此,音乐图标的所有元素都绘制好了,切记以后在绘制过程中要从整体开始绘制,不要从单个元素开始绘制,这样便于全局把控。

下面是对碟片细节进行处理的过程,具体步骤如下:

① 双击圆角矩形所在的图层,打开"图层样式"对话框,选中"斜面和浮雕"复选框,然后进行相应的设置,如图 2-46 所示。

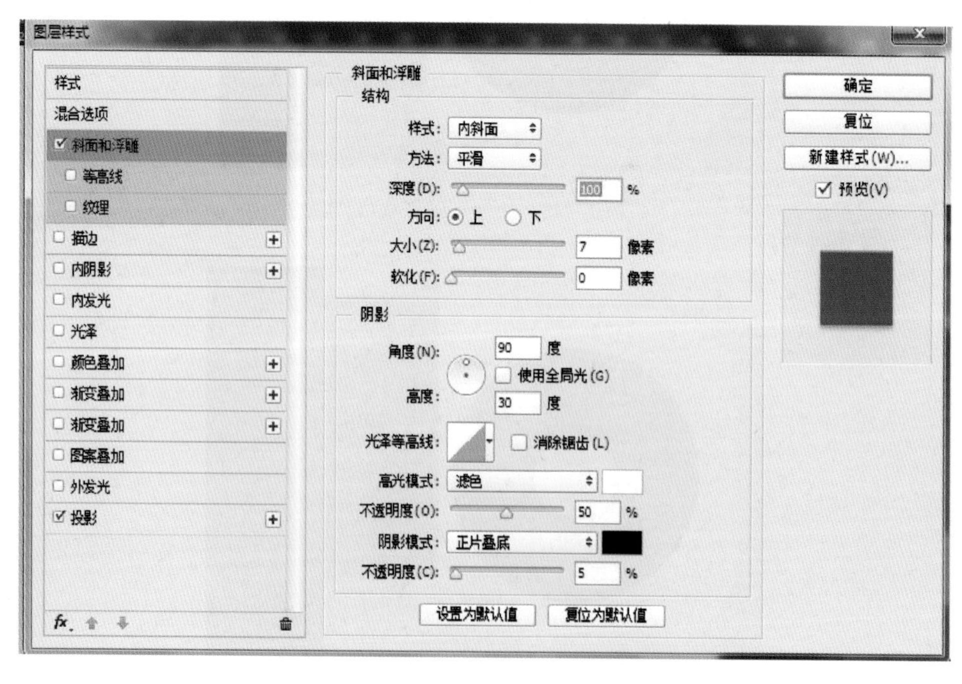

图 2-46　修改图层样式(1)(音乐图标)

② 选中“投影”复选框，然后进行相应的设置，如图 2－47 所示。至此，底部圆角矩形的立体效果就做好了。

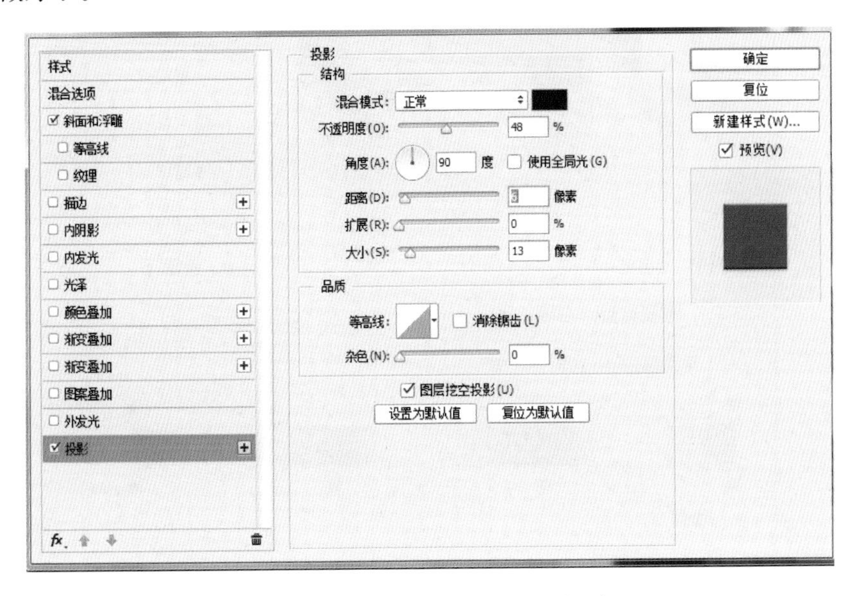

图 2－47　修改图层样式(2)(音乐图标)

③ 接下来对碟片进行深入刻画。选中“碟片”，在图层右边空白处双击，打开“图层样式”对话框，如图 2－48 所示。选择“渐变叠加”复选框，在“渐变”选项组中的“样式”微调框中选择“角度”，打开“渐变编辑器”对话框，在该对话框中进行相应设置，如图 2－49 所示。得到的效果图如图 2－50 所示。

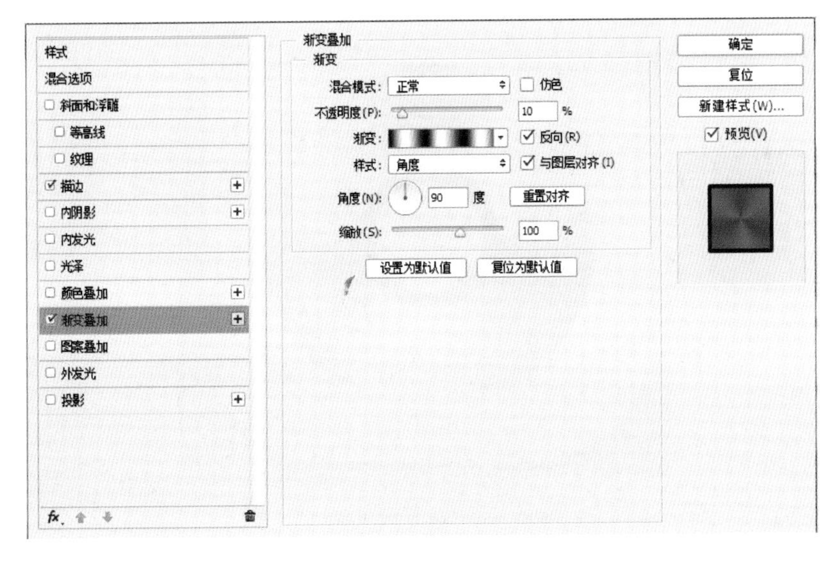

图 2－48　“图层样式”对话框

④ 现在可以看到碟片的反光太强烈，可以通过降低“不透明度”来改变颜色曝光过度的情况，此时将“不透明度”调整为“45”，如图 2－51 所示。

⑤ 选中“描边”复选框，在“结构”选项组中将“大小”设置为“4”像素，颜色值为＃28212d，

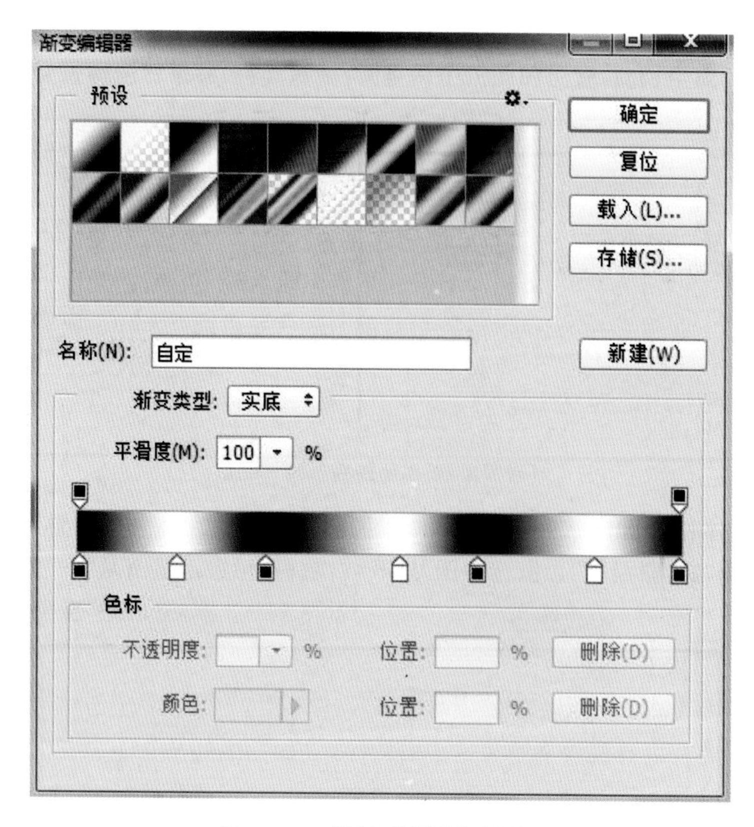

图 2-49 “渐变编辑器”对话框

图 2-50 碟片效果图(1)

如图 2-52 所示。得到的效果图如图 2-53 所示。

⑥ 此步骤将要完成碟片里面的纹理，因为碟片盘面是由一圈一圈的纹路组成的，就像一个石头扔进水里泛起的波纹一样，一圈接着一圈，而且很细密。这种效果需要用到滤镜-径向模糊的功能。具体方法如下：

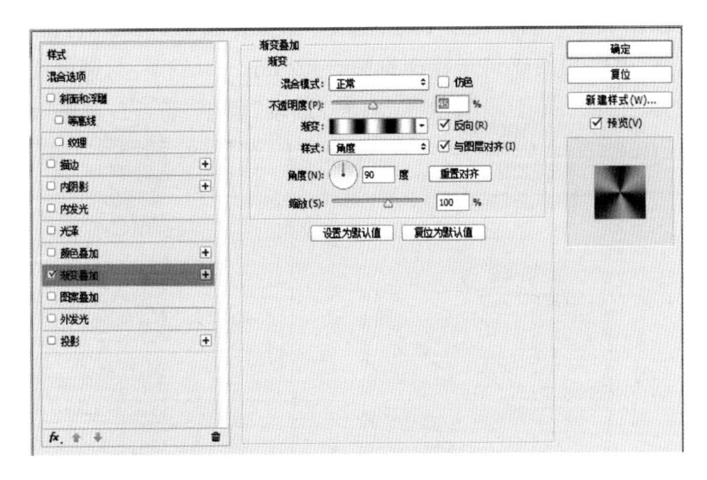

图 2-51　修改曝光度

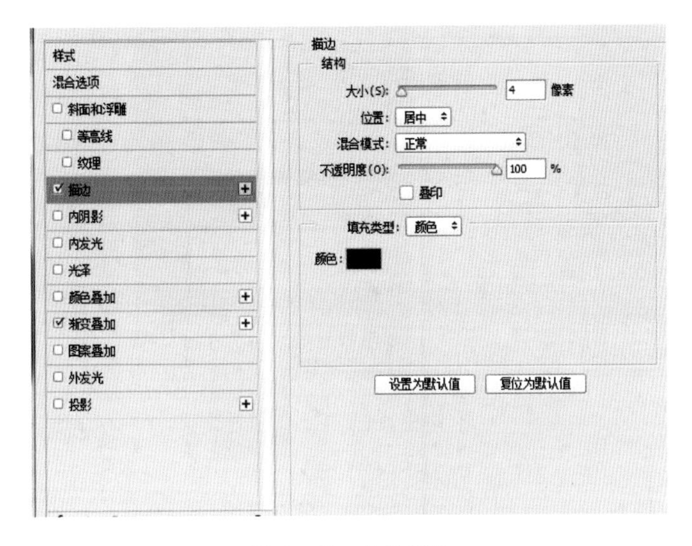

图 2-52　设置描边

图 2-53　碟片效果图(2)

第一步，选中“碟片”，然后按 Ctrl+J 组合键进行复制；右击“碟片拷贝”，在弹出的快捷菜单中选择“清除图层样式”，如图 2－54 所示。

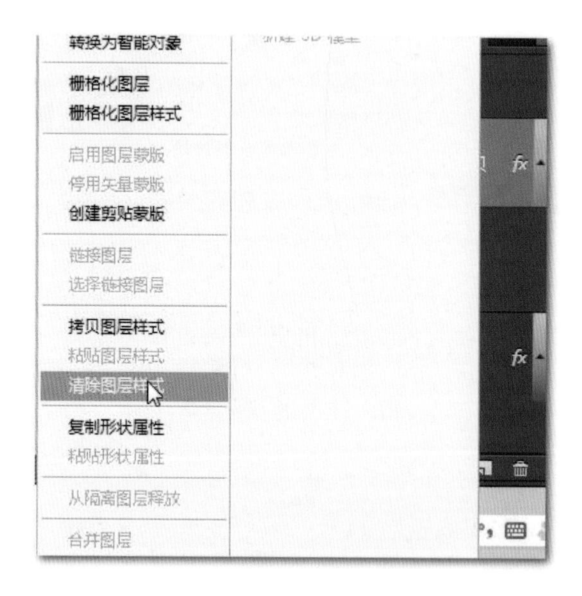

图 2－54　选择“清除图层样式”

第二步，把颜色改为灰色，如图 2－55 所示。得到的效果如图 2－56 所示。

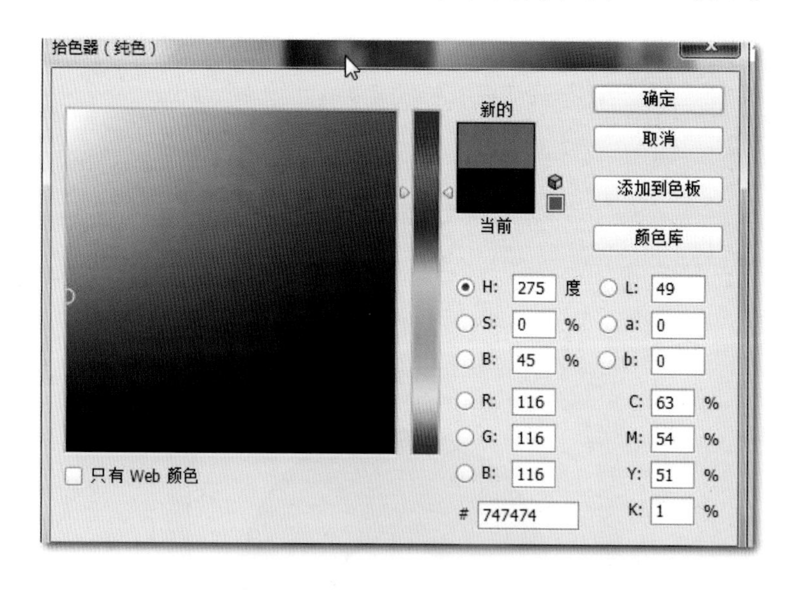

图 2－55　调整颜色（音乐图标）

第三步，选中“碟片拷贝”图层，按住 Ctrl 键的同时单击图层缩略图，载入选区将选择“滤镜”→“杂色”→“添加杂色”命令，打开“添加杂色”对话框，然后设置相应参数，如图 2－57 所示。

第四步，选择“滤镜”→“模糊”→“径向模糊”命令。在选择“径向模糊”命令时，由于是形状图形，软件会提示是不是转化为智能对象或者栅格化图层，在这里选择栅格化图层，通过单击“栅格化”按钮来完成，如图 2－58 所示。

图 2－56　颜色改为灰色后的效果图

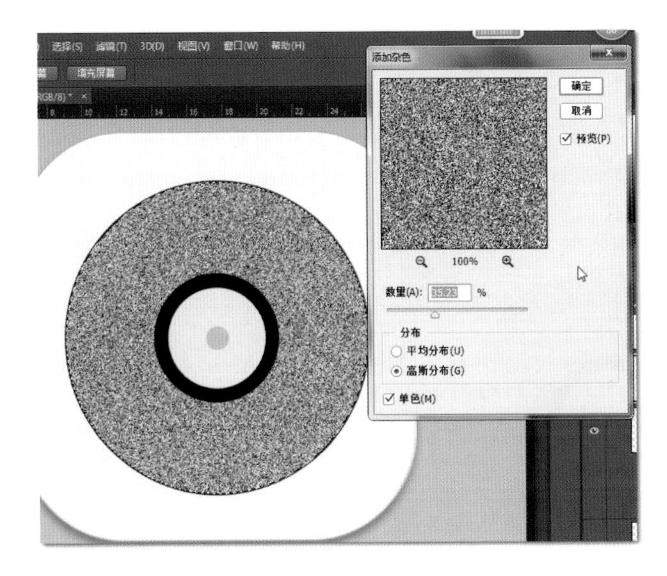

图 2－57　添加杂色

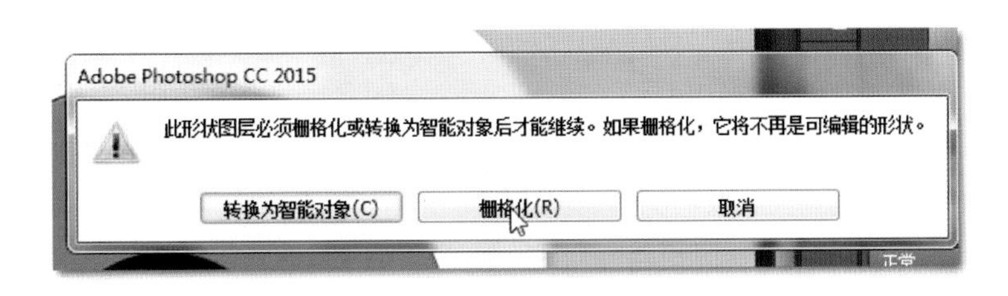

图 2－58　单击“栅格化”按钮

第五步，栅格化后将弹出“径向模糊”对话框，在该对话框中进行相应设置，如图 2－59 所示。

第六步，单击“确定”按钮，得到的效果图如图 2－60 所示。

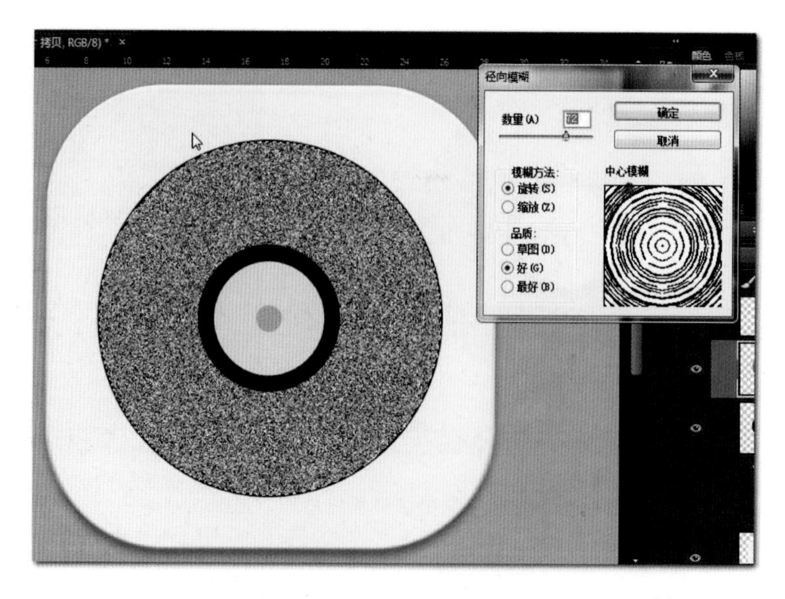

图 2-59　径向模糊参数设置

第七步,现在得到了纹理效果,但是这个效果并不是很好,而且还很粗糙,这时按 Ctrl+F 组合键再次执行径向模糊操作即可,如图 2-61 所示。

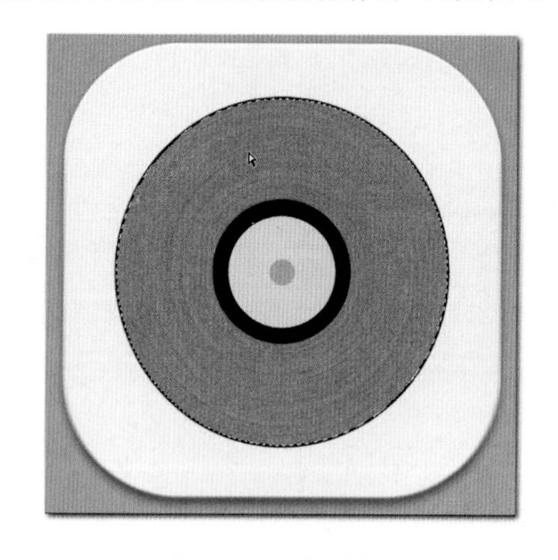

图 2-60　纹理效果

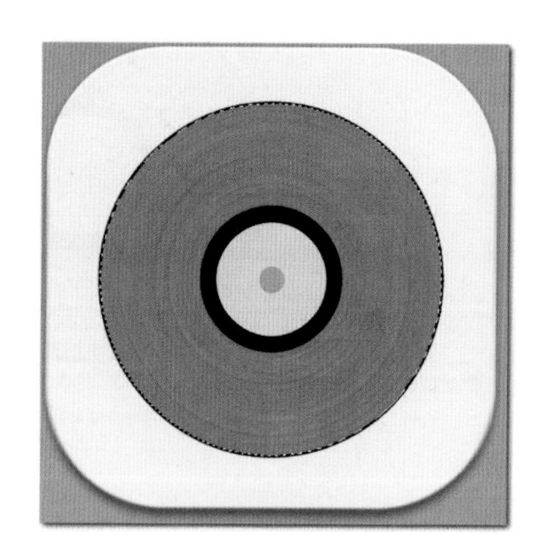

图 2-61　再次执行径向模糊操作后的效果

第八步,按 Ctrl+D 组合键取消选区,并更改图层混合模式为“正片叠底”,如图 2-62 所示。

⑦ 选中“碟心”,然后打开“图层样式”对话框进行如图 2-63 所示设置(注意:“高光模式”和“阴影模式”都选择“正常”,以便对颜色控制)。得到的效果图如图 2-64 所示。

⑧ 选中“碟心 2”更改颜色为#f42015,在“图层样式”对话框中分别选中“斜面和浮雕”“投影”复选框,然后分别进行相应设置,如图 2-65 所示。得到的效果图如图 2-66 所示。

⑨ 双击“金属轴”,打开“图层样式”对话框,在该对话框中分别选择“斜面和浮雕”“渐变叠加”“投影”复选框,然后分别进行相应参数的设置,如图 2-67 所示。此时图标就制作完成了,最终效果图如图 2-68 所示。

图 2－62　“正片叠底”效果

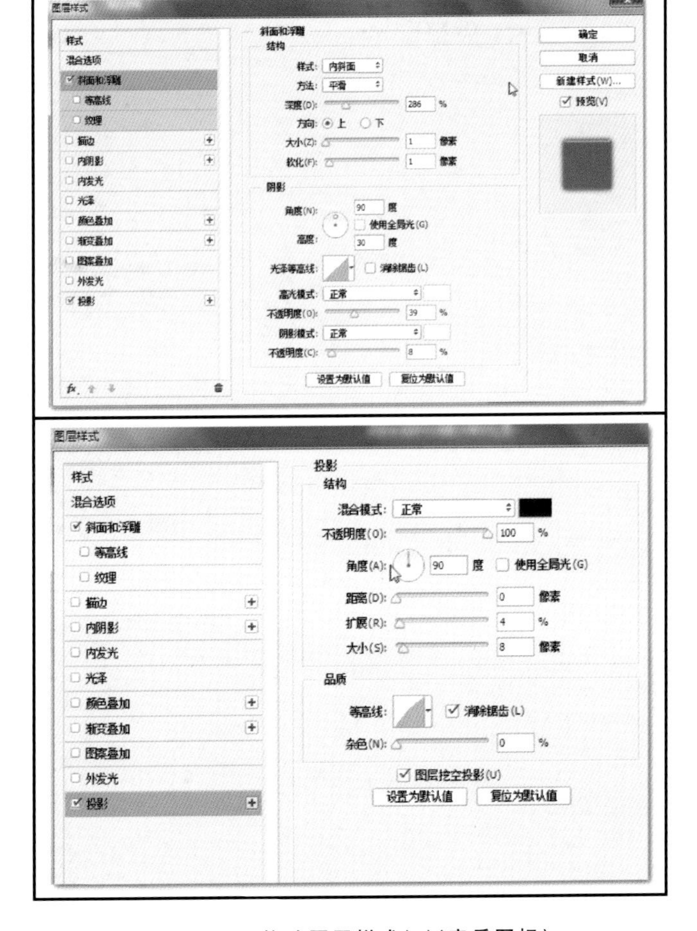

图 2－63　修改图层样式(3)(音乐图标)

图 2－64　碟心效果图(1)

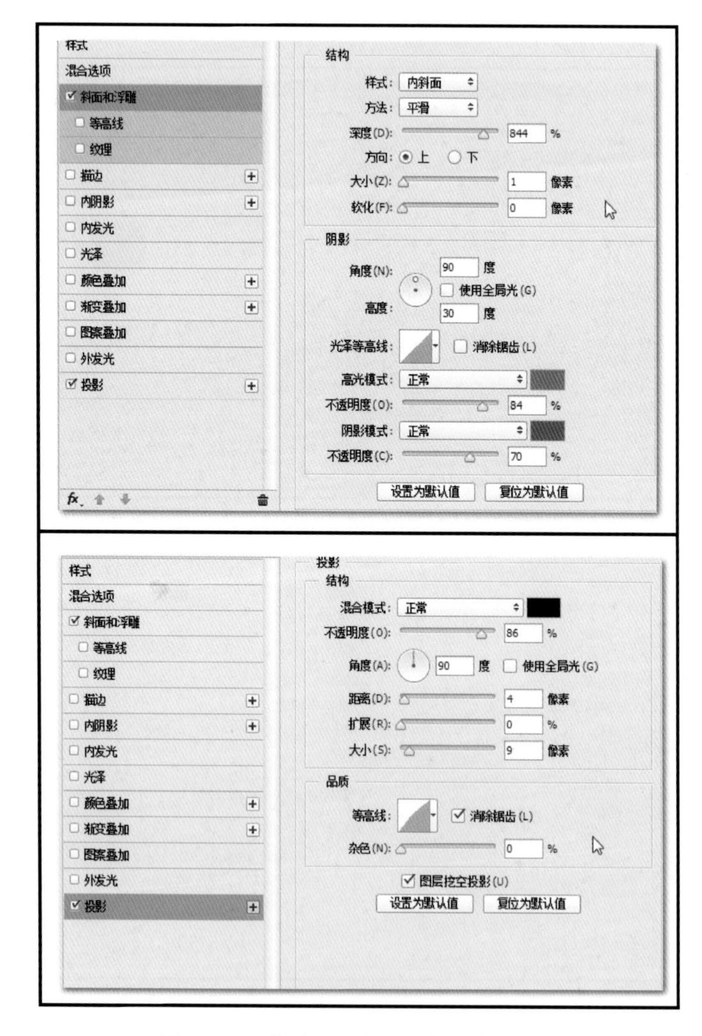

图 2－65　修改图层样式(4)(音乐图标)

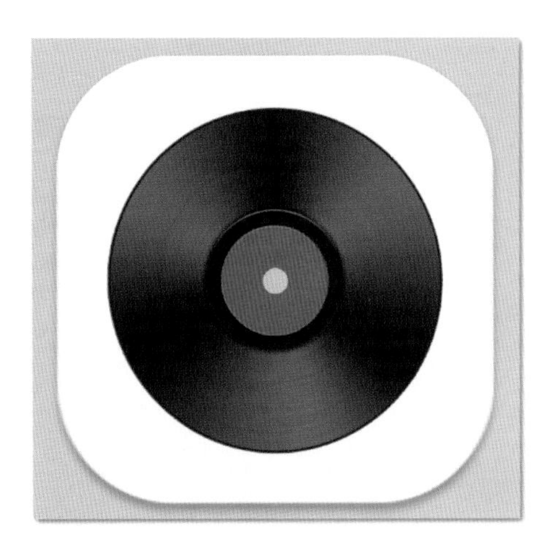

图 2-66　碟心效果图(2)

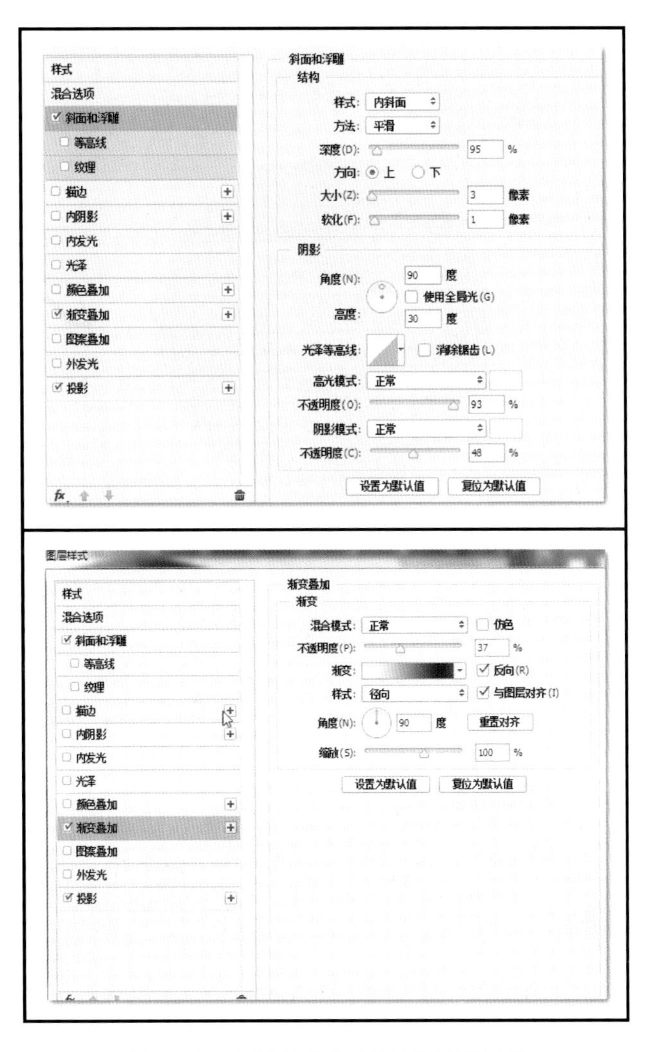

图 2-67　修改图层样式(5)(音乐图标)

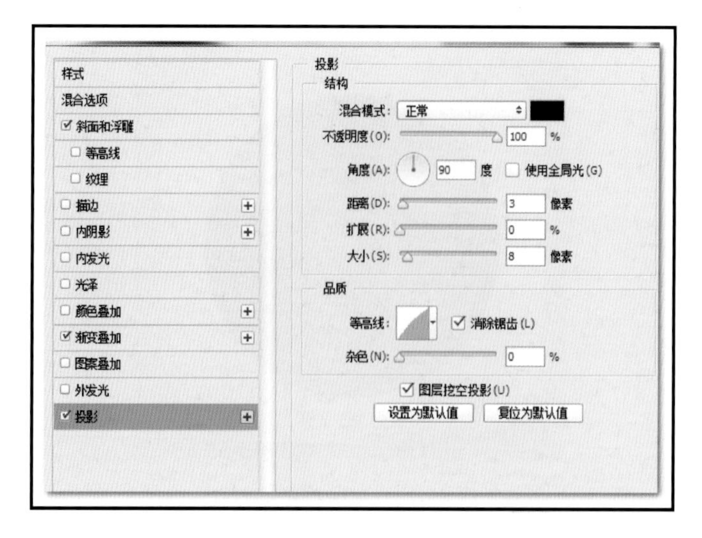

图 2－67 修改图层样式(5)(音乐图标)(续)

图 2－68 音乐图标的最终效果图

任务 4 拟物化金属旋钮的设计与制作

拟物化金属旋钮设计与制作的步骤如下：

① 新建画布尺寸为 1024 像素×1024 像素，分辨率为 72。

② 利用“线性渐变”设置背景色，新建灰色图层，添加杂色，然后在“动感模糊”对话框中对相应参数进行设置，如图 2－69 所示。

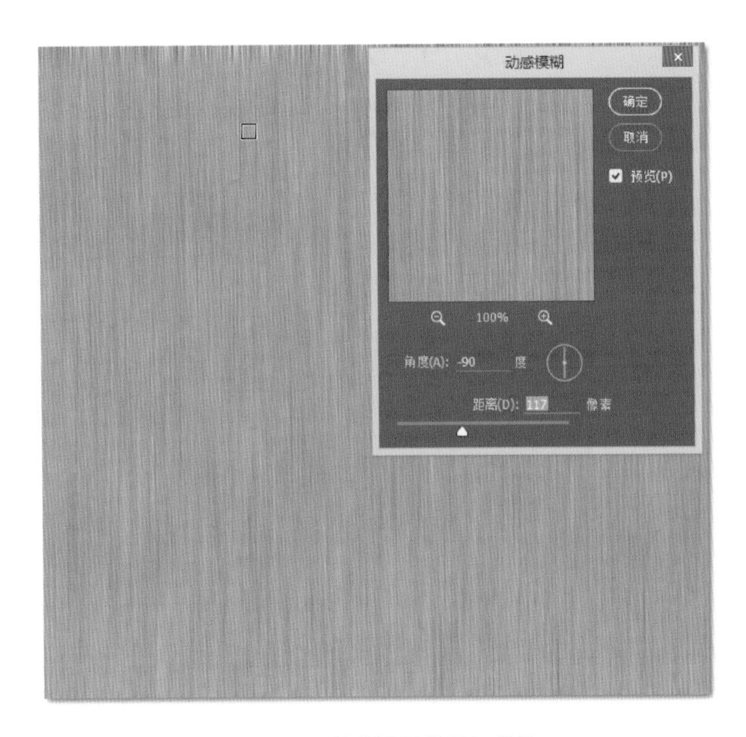

图 2－69　新建图层并添加背景

③ 在图层混合模式中选择“叠加”命令，如图 2－70 所示。得到的背景效果图如图 2－71 所示，至此背景就制作完成了。

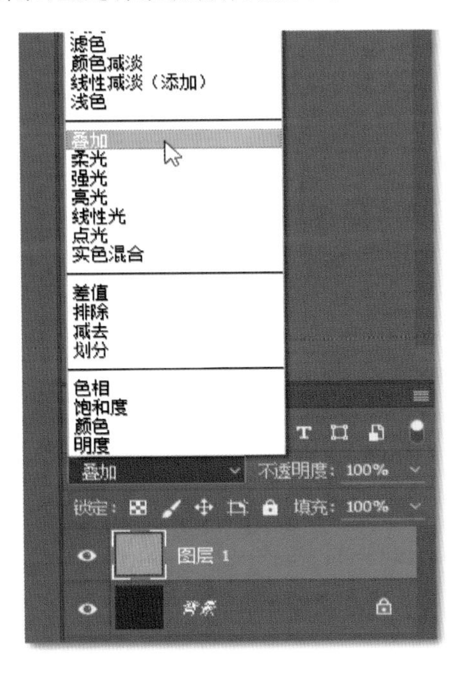

图 2－70　选择“叠加”命令

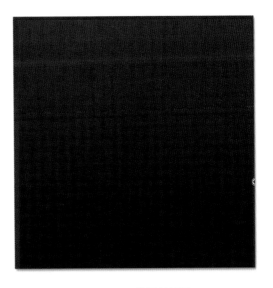

图 2－71　背景效果图

④ 现在开始绘制旋钮。利用椭圆形状工具拉出旋钮外形，并利用“线性渐变”将其填充为黑白色，如图 2－72 所示。

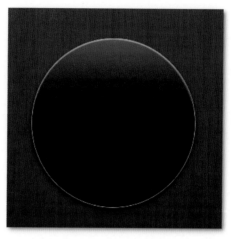

图 2－72　绘制旋钮

⑤ 用路径选择工具选中路径并按 Ctrl＋Alt＋T 组合键，然后拉出一个同心圆并将其缩小，打开“图层样式”对话框，选中“渐变叠加”复选框，设置为线性由黑到白渐变填充，如图 2－73 所示。

图 2－73　渐变填充

⑥ 利用第⑤步的方法再拉出一个同心圆并等比例缩小(见图 2－74)，打开“图层样式”对话框，分别选中“渐变叠加”和“投影”复选框，对相应参数进行设置，如图 2－75 和图 2－76 所示。

⑦ 用路径选择工具选中旋钮的路径并进行复制，在执行“变换”命令的同时将复制的路径放大，然后选中两个路径执行“减去顶层形状”命令，最后合并形状组件得到环的形状，如图 2－77 所示。

⑧ 选中“环”，然后打开“图层样式”对话框，在其中设置相应参数，如图 2－78～图 2－80 所示。至此得到的效果图如图 2－81 所示。

图 2－74　复制路径

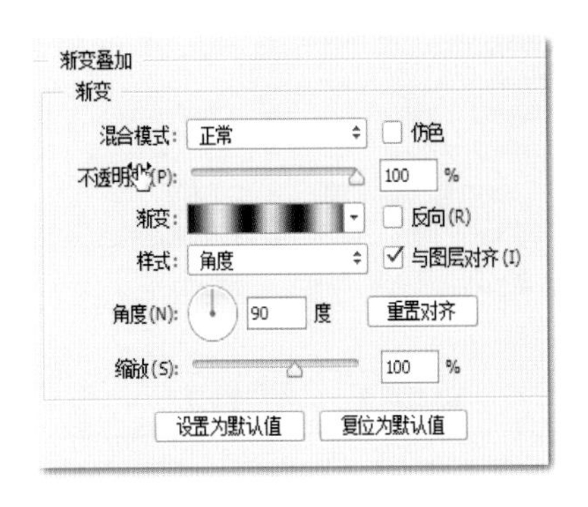

图 2－75　设置“渐变叠加”选项组中的相应参数(1)

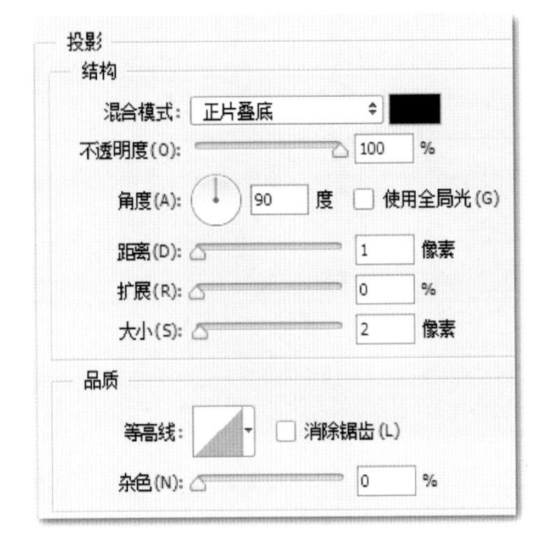

图 2－76　设置“投影”选项组中的相应参数(1)

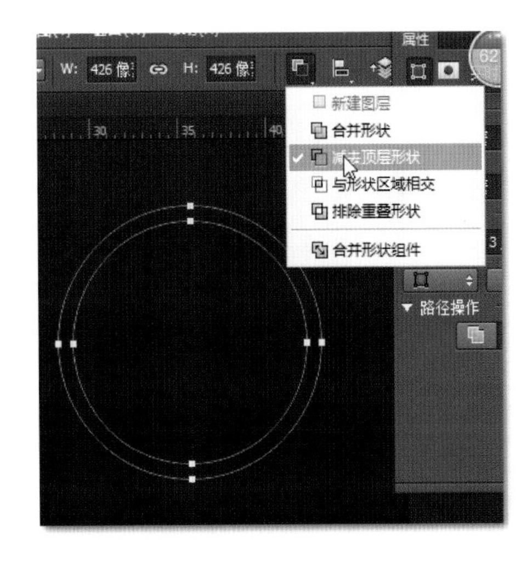

图 2－77　环的形状

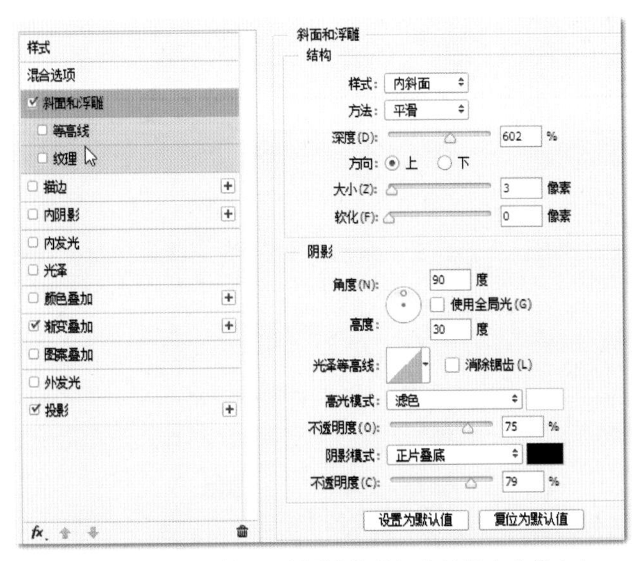

图 2－78　设置“斜面和浮雕”选项组中的相应参数(1)

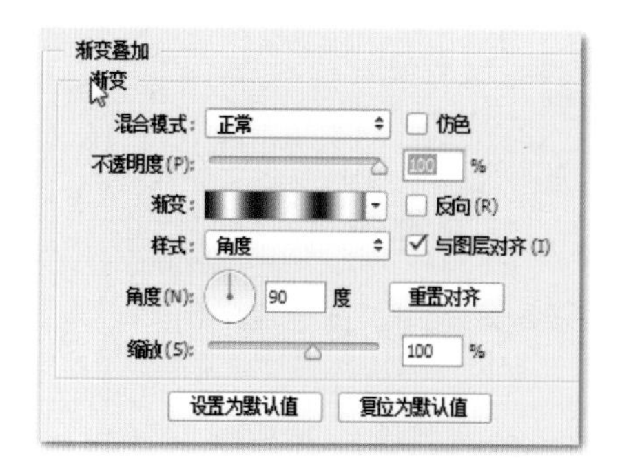

图 2-79 设置“渐变叠加”选项组中的相应参数(2)

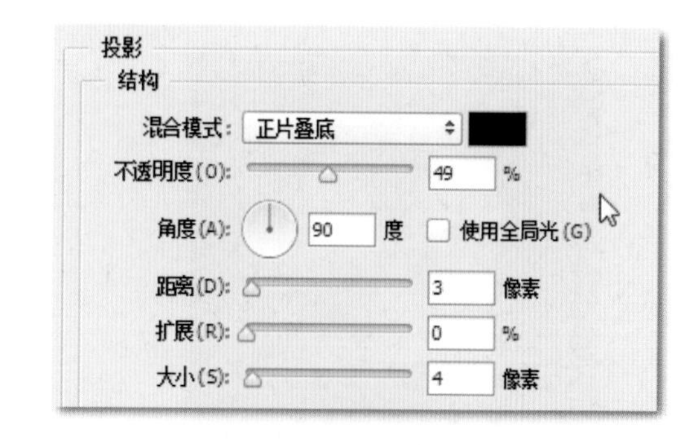

图 2-80 设置“投影”选项组中的相应参数(2)

⑨ 复制“旋钮”图层并执行“栅格化”命令，在滤镜里面添加杂色，然后打开“径向模糊”对话框，在“模糊方法”选项组中选中“旋转”单选命令，得到旋转的拉丝纹理效果，最后将图层混合模式改为叠加模式，得到的效果图如图 2-82 所示。

图 2-81 拟物化金属旋转的效果图(1)

图 2-82 拟物化金属旋转的效果图(2)

⑩ 选中“旋钮”图层，然后打开“图层样式”对话框，选中“斜面和浮雕”复选框，并进行如图 2-83 所示的设置。得到突出的立体效果图如图 2-84 所示。

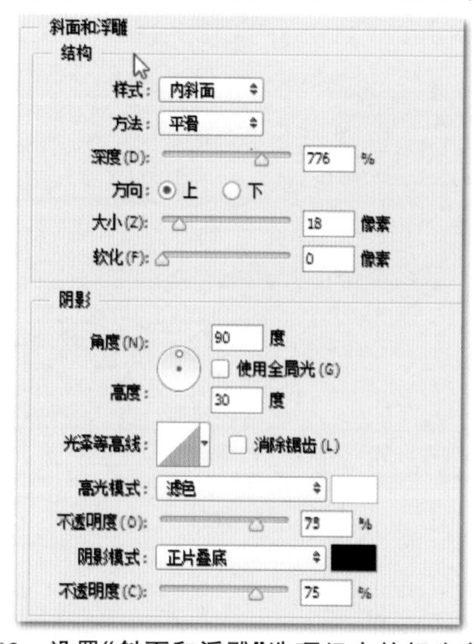

图 2-83 设置“斜面和浮雕”选项组中的相应参数(2)

⑪ 绘制指针：用多边形矢量工具选择3边画出，然后打开“图层样式”对话框，选中“斜面和浮雕”复选框，在“结构”选项组中选中“下”单选按钮，结果如图2-85所示。

图2-84 立体效果图

图2-85 指针图

⑫ 绘制刻度：用椭圆矢量工具画出正圆，执行“复制”命令，然后执行“变换”命令，按住Alt键将旋钮的中心定为中心点。输入旋转角度“15”(因为一共24个点，旋转一周是360°，每个点就是360°/24=15°)，按Enter键，然后执行“再制”命令，画出24个刻度，接着用Delete键删除下面不需要的3个刻度点，效果如图2-86所示。

⑬ 绘制刻度值：这里要用到文字输入工具，先在12点方向输入“0”，然后结束编辑状态；接着选中文字所在的图层执行“复制”命令，然后执行“变换”命令。同样要定位中心点，角度输入“30”即可。再次执行“再制”命令(Ctrl+Shift+Alt+T组合键)，画出其他刻度值。最后刻度值绘制的效果如图2-87所示。

图2-86 刻度点绘制的效果

图2-87 刻度值绘制的效果

⑭ 绘制指针发光效果的步骤如下：

首先，选中“指针”，打开“图层样式”对话框，选中“内发光”复选框，然后设置相应参数，如图2-88所示。

然后，选中“指针”，打开“图层样式”对话框，选中“外发光”复选框，然后设置相应参数，如图 2－89 所示。

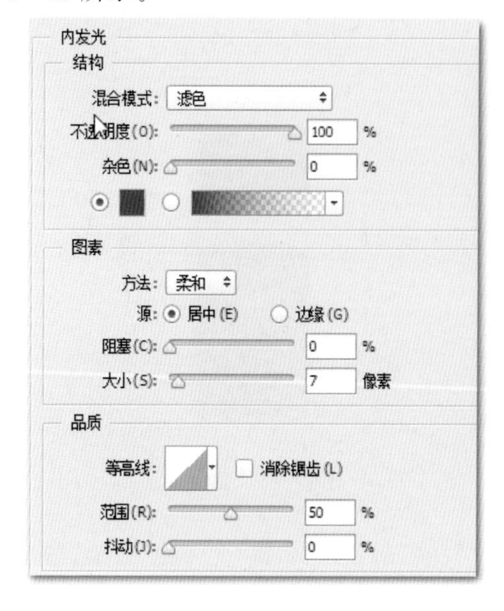

图 2－88　设置“内发光”选项组中的相应参数

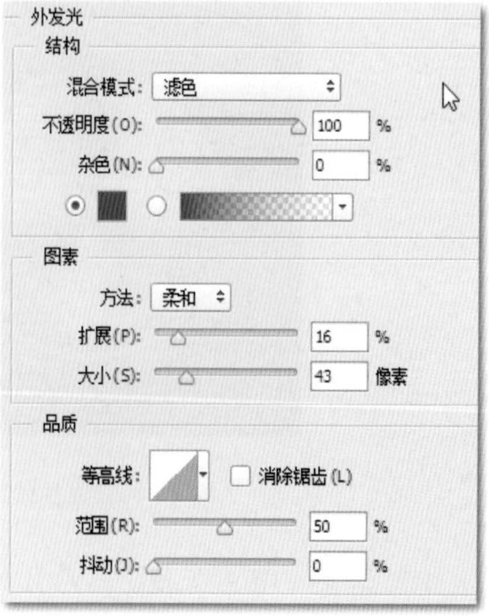

图 2－89　设置“外发光”选项组中的相应参数

最后，选中“指针”，打开“图层样式”对话框，选中“颜色叠加”复选框，然后设置相应参数，如图 2－90 所示。得到的效果如图 2－91 所示。

图 2－90　设置“颜色叠加”选项组中的相应参数

⑮ 选中“光环”图层，复制一个用布尔运算得到的图形，如图 2－92 所示。将图形放到光环的下面，打开“图层样式”对话框，选中“外发光”复选框，然后设置相应参数，如图 2－93 所示。得到的效果图如图 2－94 所示。

图 2－91　指针发光效果图

图 2－92　用布尔运算得到的图形

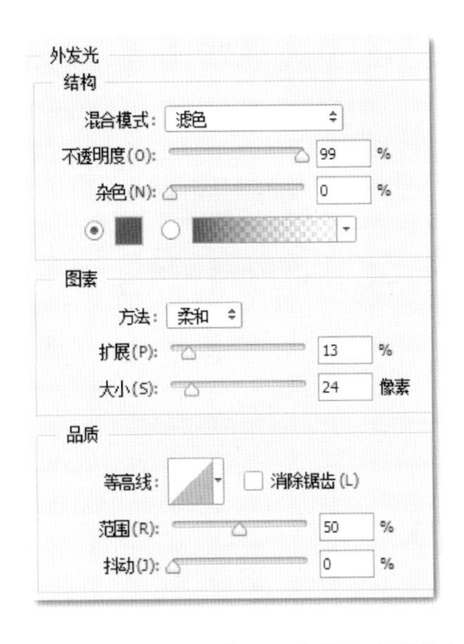

图 2－93　设置“外发光”选项组中的相应参数(光环)

图 2－94　拟物化金属旋钮的最终效果图

【本章习题】

1. 独立完成游戏方向按键图标的制作，最终效果图如图 2－95 所示。
2. 独立完成主题 logo 图标的制作，最终效果图如图 2－96 所示。

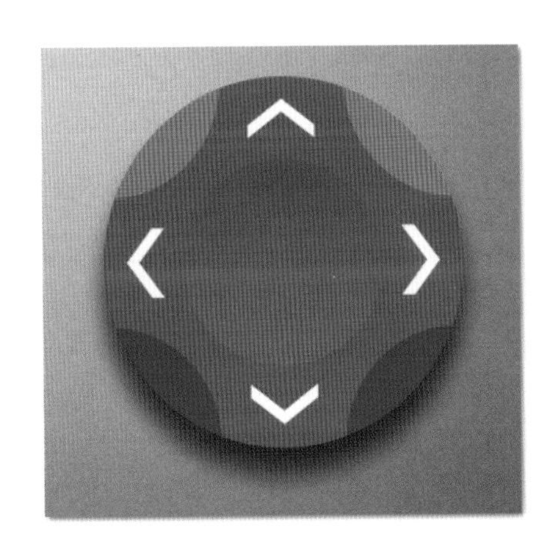

图 2－95　游戏方向按钮图标的最终效果图

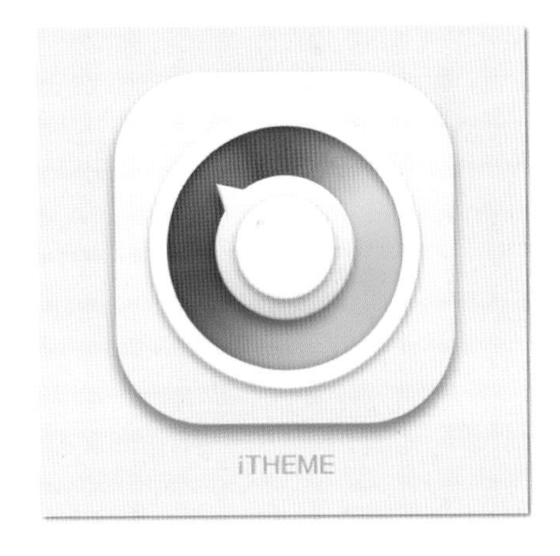

图 2－96　主题 logo 图标的最终效果图

3. 独立完成摄像头图标的制作，最终效果图如图 2－97 所示。
4. 独立完成设置开关图标的制作，最终效果图如图 2－98 所示。

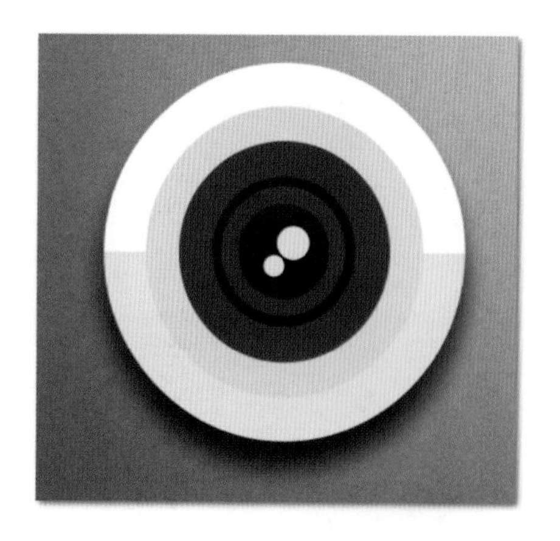

图 2－97 摄像头图标的最终效果图

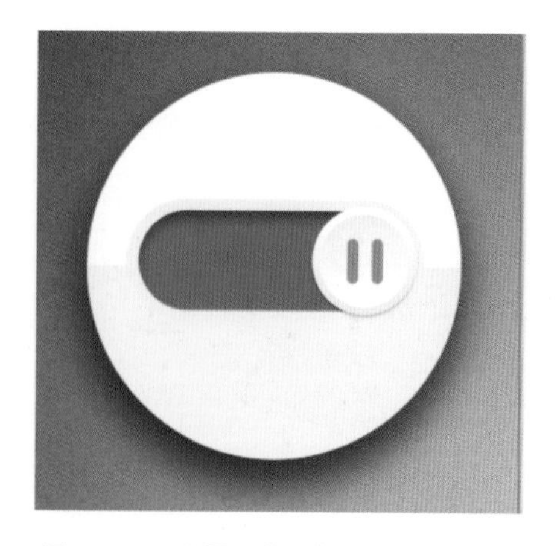

图 2－98 设置开关图标的最终效果图

第 3 章　基础图标的设计与制作(2)

【本章目标】

① 制作卡通图标；
② 了解卡通图标制作所使用工具的基本操作方法；
③ 了解矢量工具栏中工具的使用方法；
④ 设计记事本图标；
⑤ 掌握手机界面图标制作的方法；
⑥ 能够自主设计带有应用特色或个人特色的图标。

任务 1　卡通图标的设计与制作

卡通图标设计与制作的步骤如下：

① 新建一个画布文档(按 Ctrl+N 组合键)，如图 3-1 所示。

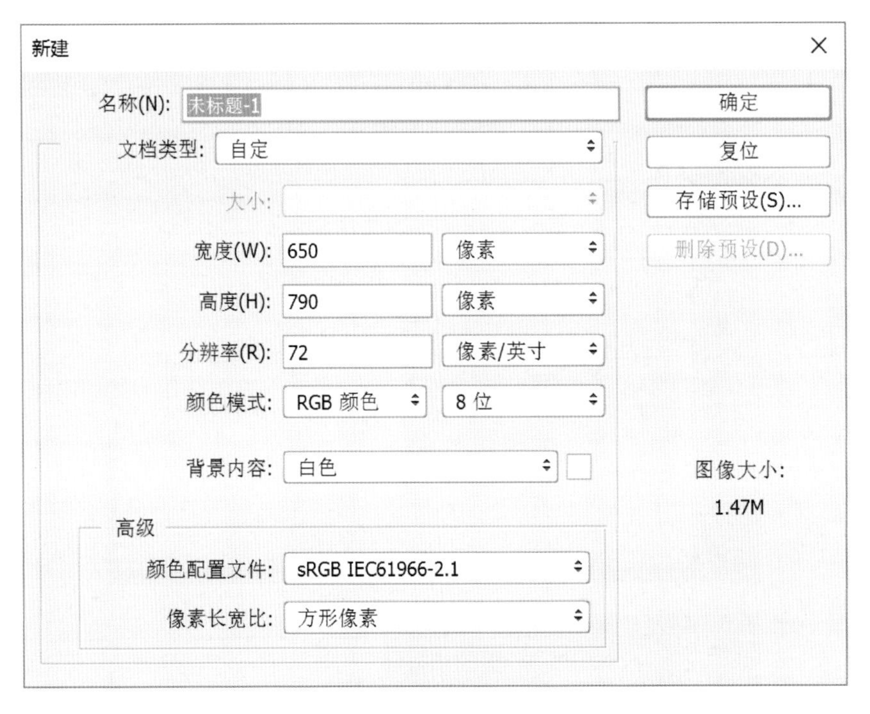

图 3-1　新建画布文档

② 双击“背景”图层进行解锁，打开“新建图层”对话框，在“名称”文本框中输入“图层 0”，如图 3-2 所示。

③ 使用 Alt+Backspace/delete 组合键填充前景色，如图 3-3 所示。

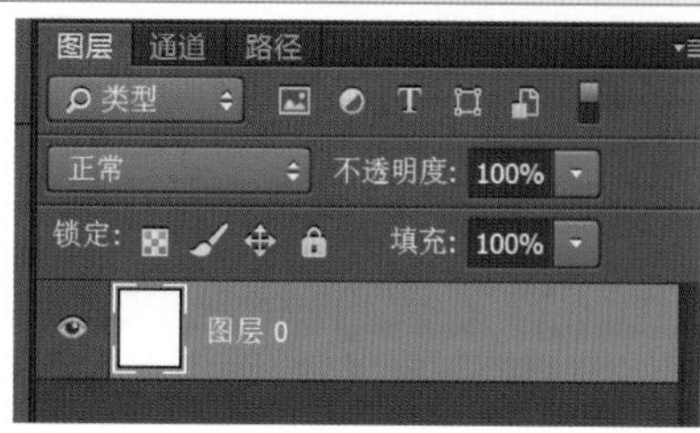

图 3－2　设置图层

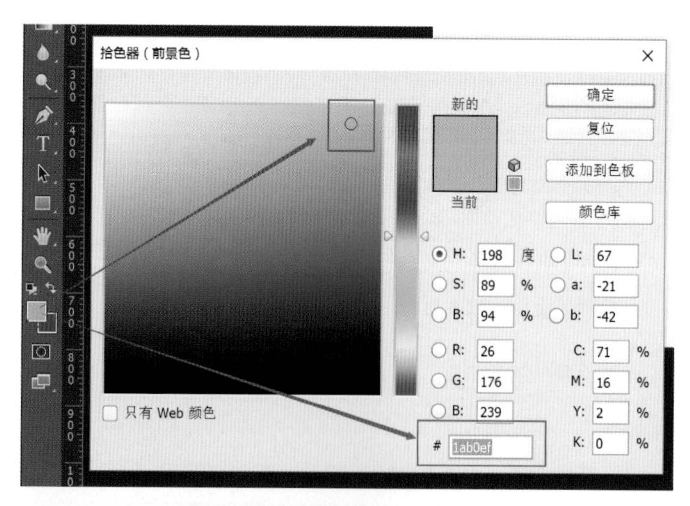

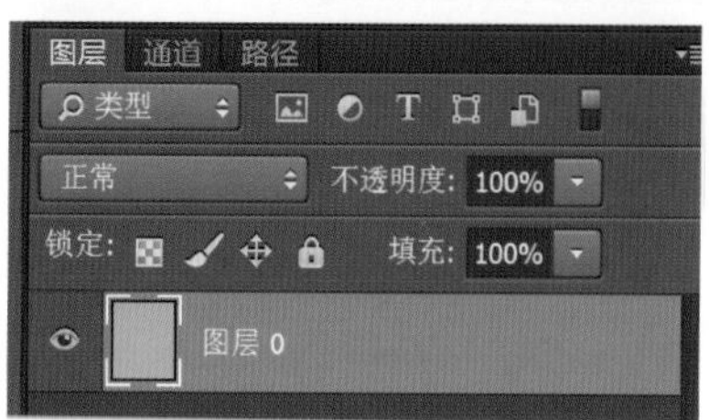

图 3－3　设置前景色

④ 新建一个图层，使用形状工具中的“椭圆工具”(见图 3-4)在画板中绘制一个椭圆，并将其填充为偏蓝的白色，如图 3-5 所示。

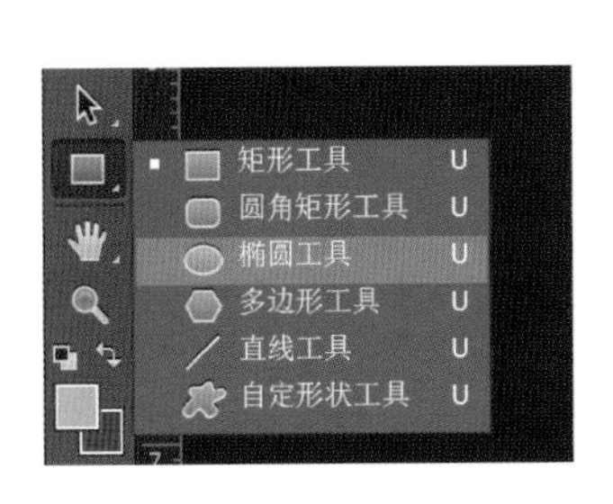

图 3-4　选择“椭圆工具”(卡通图标)

图 3-5　填充颜色

⑤ 选择“直接选择工具”(见图 3-6)对椭圆进行轮廓修整，使用直接选择工具的单独框选中下方锚点，用键盘中的向上箭头进行向上移动操作，得到如图 3-7 所示的轮廓。

图 3-6　选择“直接选择工具”

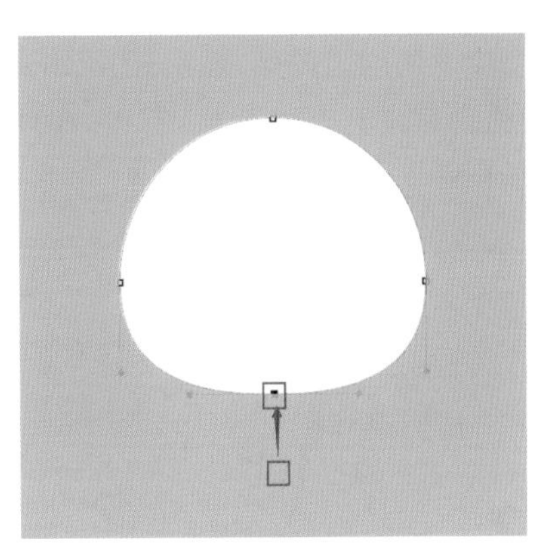

图 3-7　修整后的轮廓

⑥ 再次利用“椭圆工具”绘制小鸡的鸡冠，如图 3-8 所示。

⑦ 用“路径选择工具”选中绘制的红色椭圆，然后使用 Ctrl+C 组合键复制，使用 Ctrl+V 组合键粘贴，接着用 Ctrl+T 组合键选中自由变换选择框的中心点并放到如图 3-9 所示的位置。

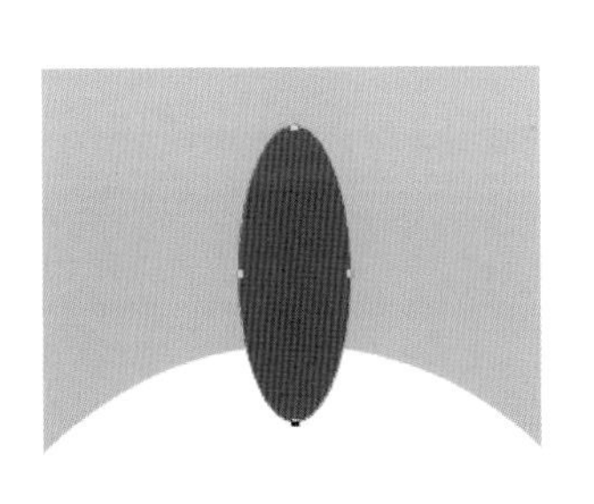

图 3-8　绘制小鸡的鸡冠

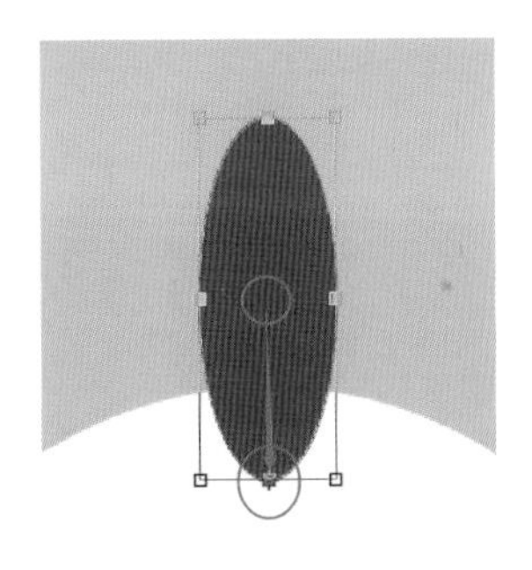

图 3-9　自由变换

⑧ 选中自由变换框的左端顶点，然后旋转拖拽 30°，接着按 Enter 键确定，如图 3－10 所示。

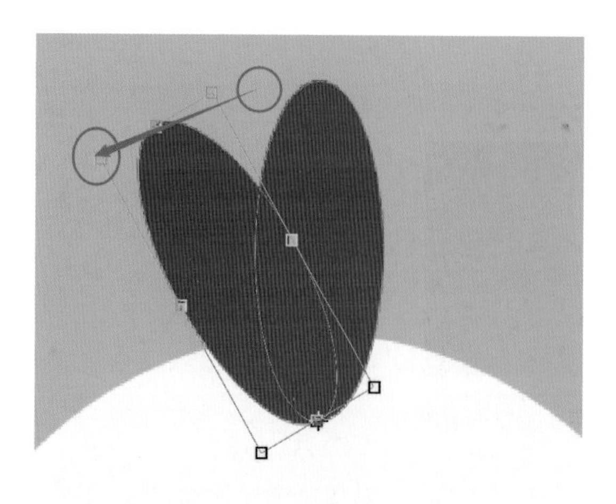

图 3－10　旋转拖拽 30°后

⑨ 直接选中该旋转图像，然后使用 Ctrl＋C 组合键复制，使用 Ctrl＋V 组合键粘贴，接着用 Ctrl＋T 组合键进行自由变换，右击，在弹出的快捷菜单中选择“水平翻转”命令，小鸡的鸡冠即完成，如图 3－11 所示。

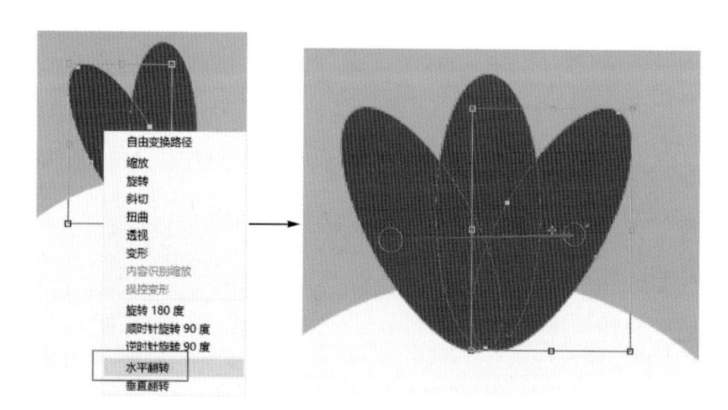

图 3－11　选择“水平翻转”命令完成小鸡的鸡冠

⑩ 微调“鸡冠”图层的顺序及其在画板中的位置，如图 3－12 所示。

图 3－12　调整图层顺序

⑪ 接下来简单绘制小鸡的眼白和眼珠。同样，只需要绘制眼珠和眼白对应的椭圆，然后改变其颜色和大小，并调整其图层顺序即可，如图3-13所示。

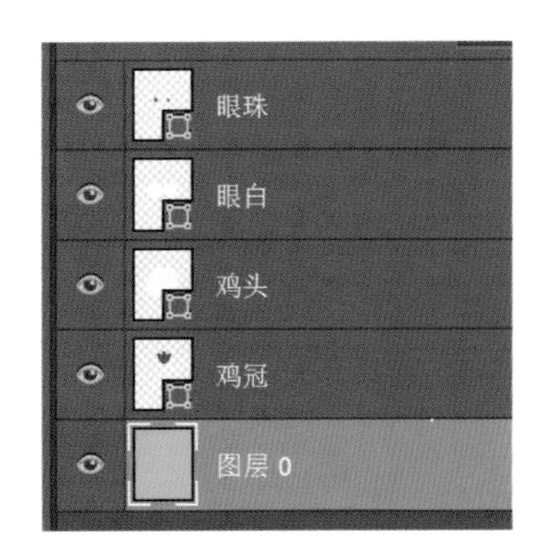

图3-13　绘制图形及调整后的图层顺序

⑫ 然后开始绘制小鸡的嘴巴。这里选择"多边形工具"(见图3-14)，在属性菜单栏中设置"边"为"3"，如图3-15所示。

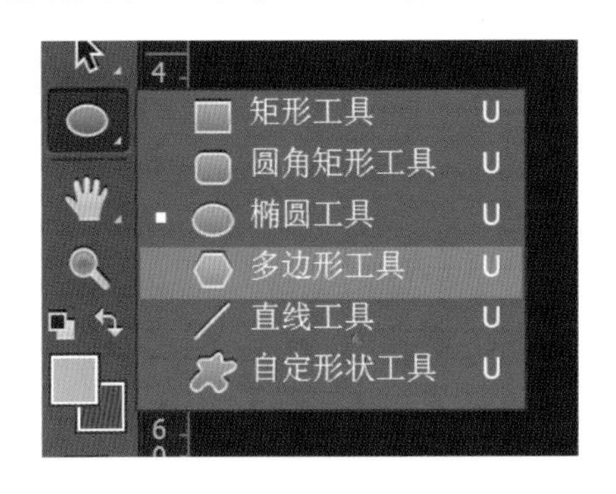

图3-14　选择"多边形工具"

图3-15　设置"边"为"3"

⑬ 在"设置"中选中"平滑拐角"复选框(见图3-16)，绘制出嘴巴，并为其添加相应的颜色，使用Ctrl+T组合键调整嘴巴的轮廓，按Enter键确定，如图3-17所示。

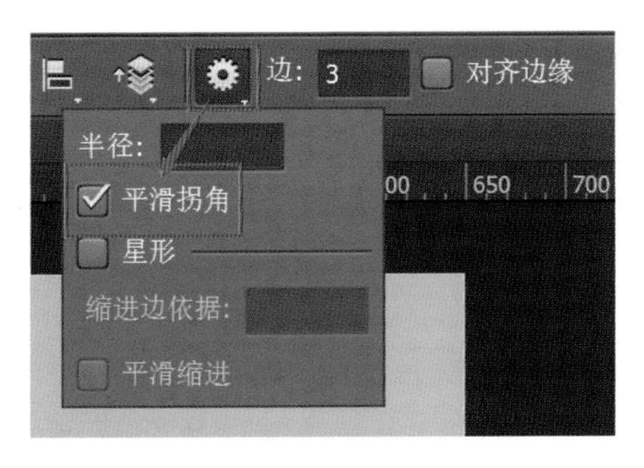

图3-16　选中"平滑拐角"复选框

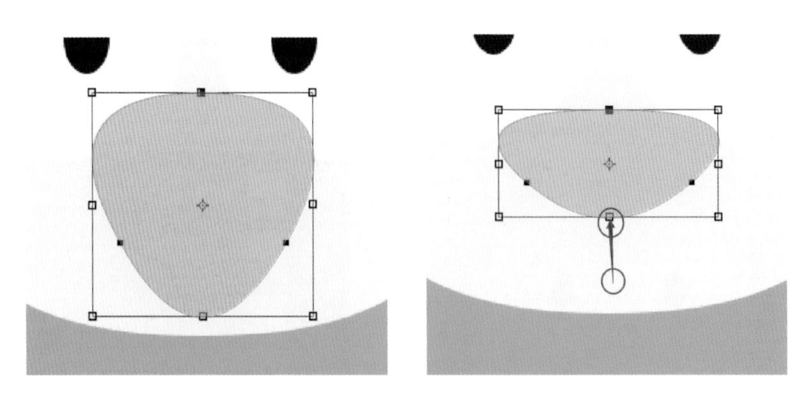

图 3－17 绘制嘴巴的轮廓

⑭ 使用 Ctrl＋J 组合键复制“嘴巴”图层，如图 3－18 所示。

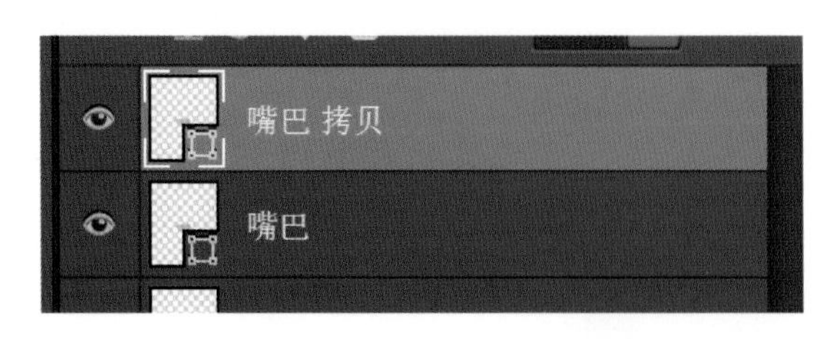

图 3－18 复制“嘴巴”图层

⑮ 使用路径选择工具属性菜单栏中的“减去顶层形状”命令制作出一个扁平立体化的小嘴巴，如图 3－19 所示。

图 3－19 选择“减去顶层形状”

⑯ 设置默认状态后直接绘制一个矩形，如图 3－20 所示。

注意：此矩形是绘制在“嘴巴 拷贝”图层中的。

⑰ 双击“嘴巴 拷贝”图层的小图标，打开“拾色器(纯色)”对话框，选取一个比当前颜色明度稍低的颜色，如图 3－21 所示得到的。得到的效果图如图 3－22 所示。

⑱ 绘制出小鸡嘴巴下面的那一部分。同样，绘制一个红色(同鸡冠颜色)的椭圆，并且将该图层放在“嘴巴”图层的下面。至此，卡通图标——小鸡就基本设计完了，如图 3－23 所示。

注意：这里有个小细节，就是再次使用形状工具时，先看看设置的默认模式是不是“新建图层”(见图 3－24)，如果不是，请选择“新建图层”选项。

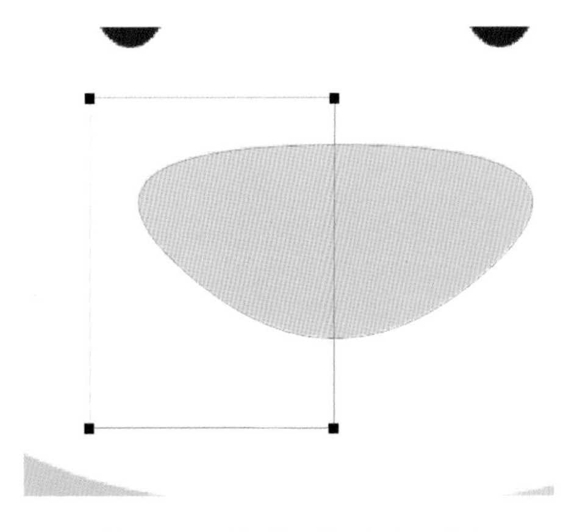

图 3－20　绘制矩形(卡通图标)

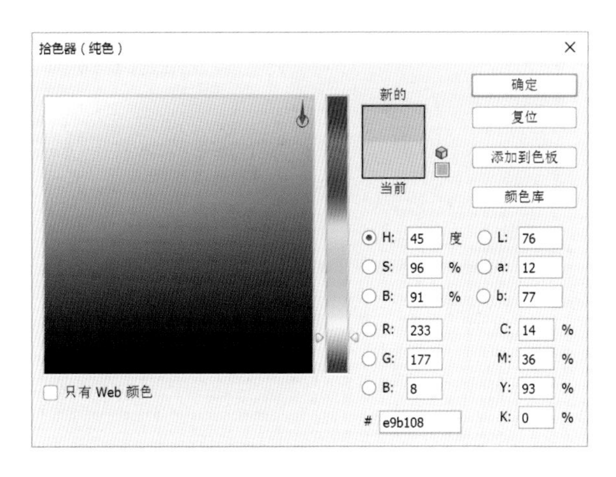

图 3－21　选取颜色

图 3－22　调整颜色后的效果图

图 3-23　卡通图标——小鸡的效果图

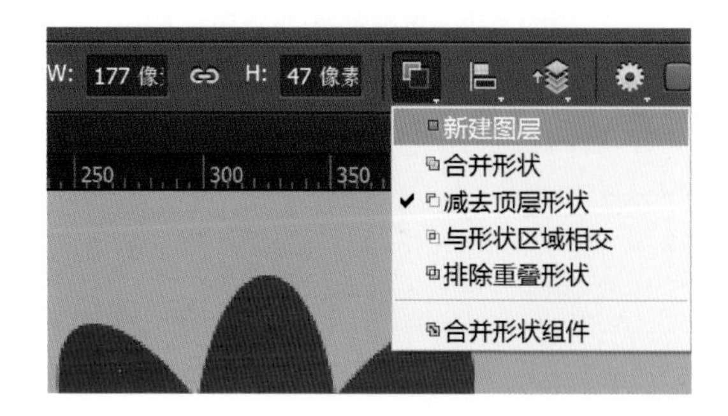

图 3-24　默认模式为"新建图层"

⑲ 使用矢量制图工具栏中的工具继续绘制不同的表情，使图标造型更加丰富生动，如图 3-25 所示。

图 3-25　表情丰富生动的图标造型

任务2　记事本图标的设计与制作

记事本图标设计与制作的步骤如下：

① 新建文件，并绘制一个512像素×512像素、圆角半径为120像素的圆角矩形。

② 打开"图层样式"对话框，选中"内阴影"复选框，相应参数的设置如图3-26所示。

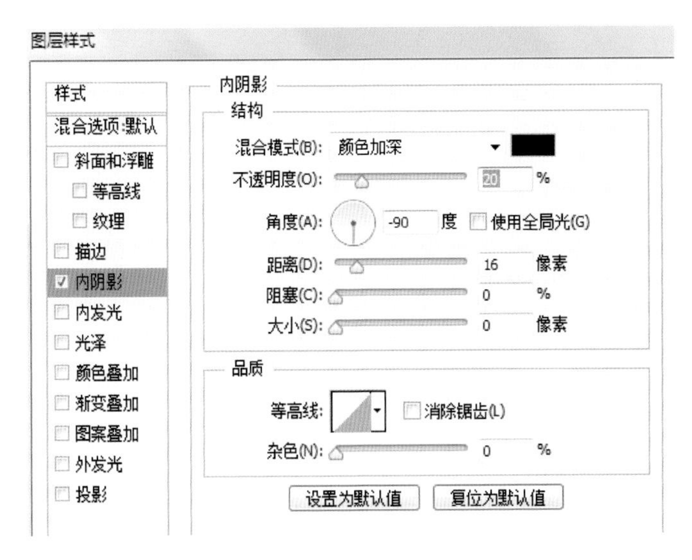

图3-26　修改图层样式(1)(记事本图标)

③ 打开"图层样式"对话框，选中"渐变叠加"复选框，相应参数的设置如图3-27所示。

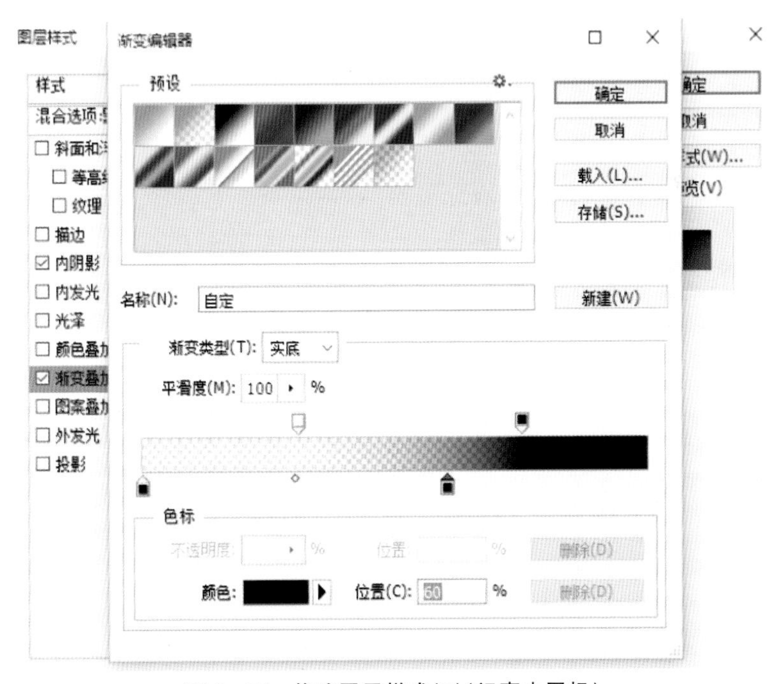

图3-27　修改图层样式(2)(记事本图标)

④ 绘制一个 448 像素×448 像素、圆角半径为 100 像素的圆角矩形，如图 3－28 所示。

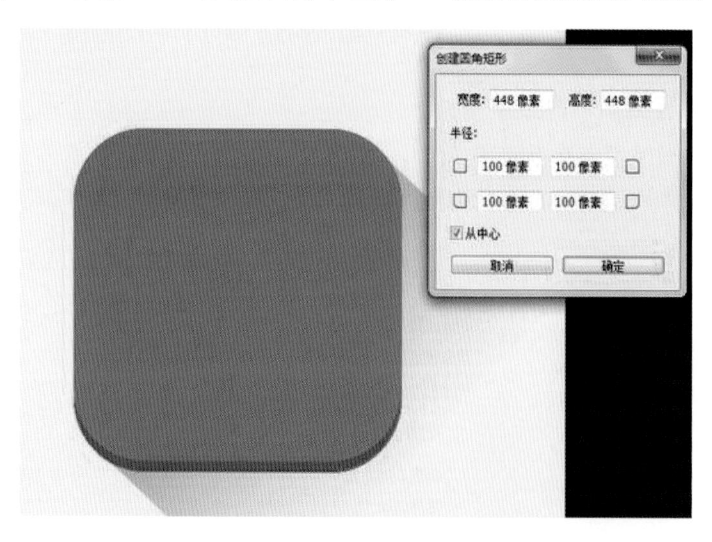

图 3－28　绘制圆角矩形(记事本图标)

⑤ 复制图层，按 A 键切换到“选择工具”，将高度调整为 432 像素。完成后继续复制图层，将高度改为 416 像素，并将其填充的颜色变为＃f3f3f3，如图 3－29 所示。

⑥ 用直线工具，将粗细调整为 2，并将其填充为黑色。完成后，调整图层的不透明度为 20％，效果如图 3－30 所示。

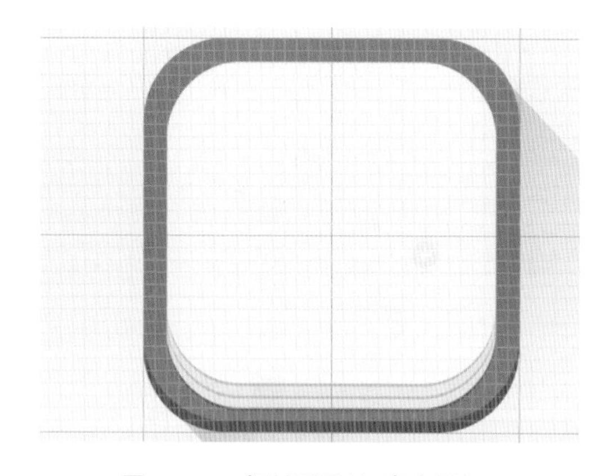

图 3－29　复制图层(记事本图标)

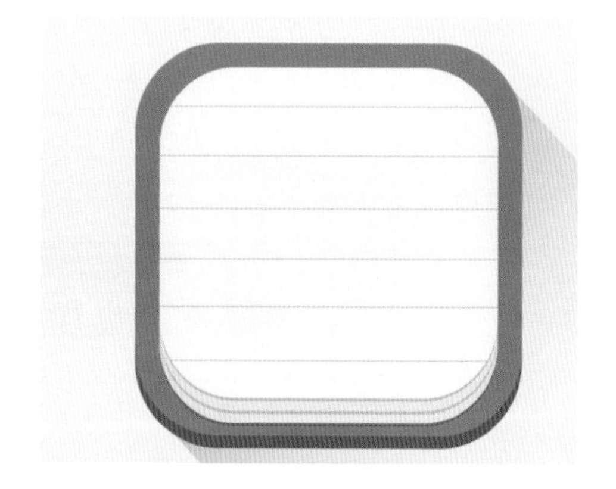

图 3－30　调整不透明度为 20％后的效果

⑦ 创建一个大小为 192 像素×96 像素，颜色为＃00da67 的矩形；继续创建两个矩形，将高度改为 32，填充为黑色，调整不透明度为 25％和 10％，效果如图 3－31 所示。

⑧ 利用多边形工具创建笔头(颜色：＃e39a4d)与笔尖(颜色：＃474f57)，如图 3－32 所示。

⑨ 创建一个大小为 64 像素×96 像素，半径为 20 像素，颜色为＃f78879 圆角矩形；然后再创建一个大小为 32 像素×96 像素，颜色为＃d5d5d5 矩形。创建的橡皮擦如图 3－33 所示。

⑩ 将铅笔旋转一定角度，创建一个矩形，大小为 352 像素×160 像素，按照上述长投影的方式变换角度，添加“渐变”效果。至此，整个图标就设计完成了，如图 3－34 所示。

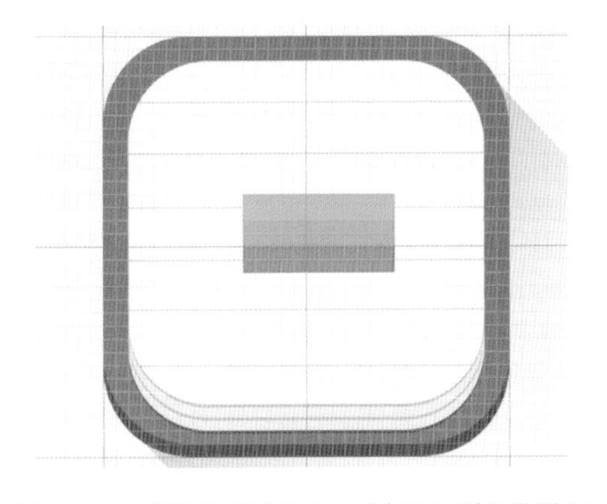

图3-31　调整不透明度为25%和10%后的效果

图3-32　创建笔头和笔尖

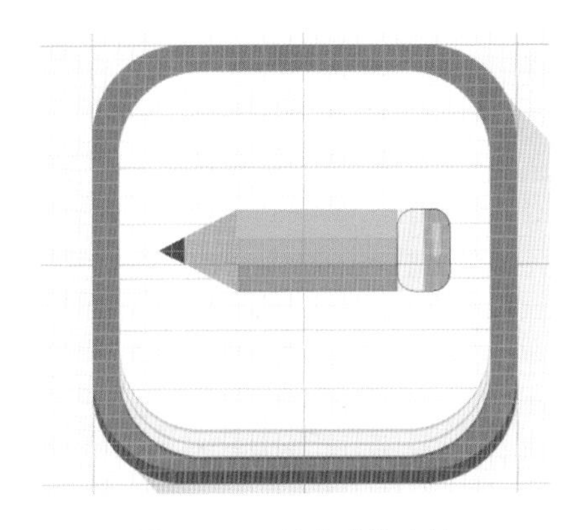

图3-33　创建的橡皮擦

图3-34　记事本图标的最终效果图

任务3　相机图标的设计与制作

相机图标设计与制作的步骤如下：

① 新建文件，并绘制一个172像素×172像素、圆角半径为40像素的圆角矩形(见图3-35)，打开“图层样式”对话框，选中“渐变叠加”复选框，相应参数的设置如图3-36所示。

② 绘制一个大小为120像素×120像素的圆，如图3-37所示。打开“图层样式”对话框，选中“内阴影”复选框，相应参数设置如图3-38所示。

③ 对圆添加“渐变叠加”效果，打开“图层样式”对话框，选中“渐变叠加”复选框，相应参数的设置如图3-39所示。

④ 对圆添加“投影”效果，打开“图层样式”对话框，选中“投影”复选框，相应参数的设置如图3-40所示。

⑤ 绘制一个半径为90像素的圆，为圆添加“斜面和浮雕”效果，作为镜头圆框，效果如图3-41所示。打开“图层样式”对话框，选中“斜面和浮雕”复选框，相应参数的设置如图3-42所示。

图 3－35　绘制圆角矩形(相机图标)

图 3－36　设置“渐变叠加”选项组中的相应参数(1)(相机图标)

图 3－37　绘制圆(相机图标)

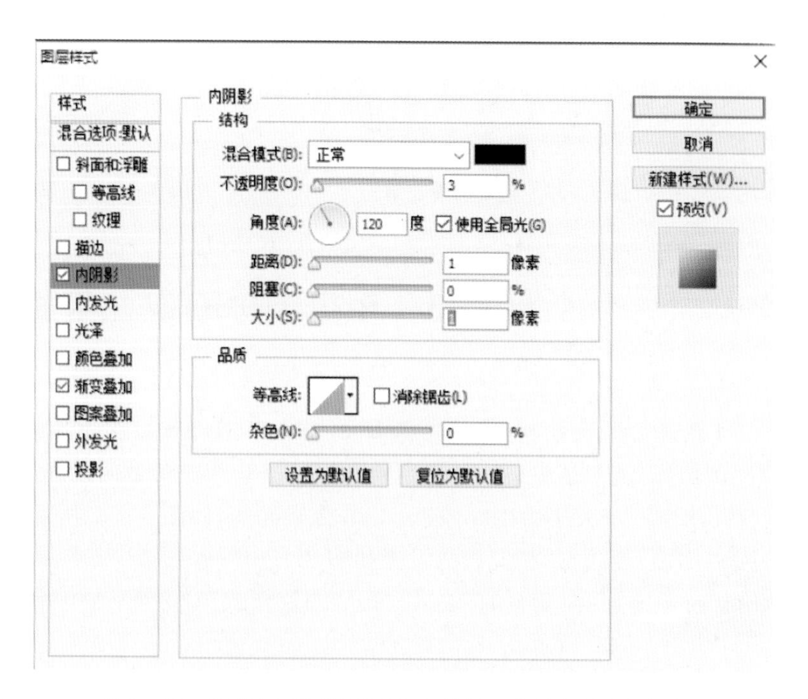

图 3－38　设置“内阴影”选项组中的相应参数(1)(相机图标)

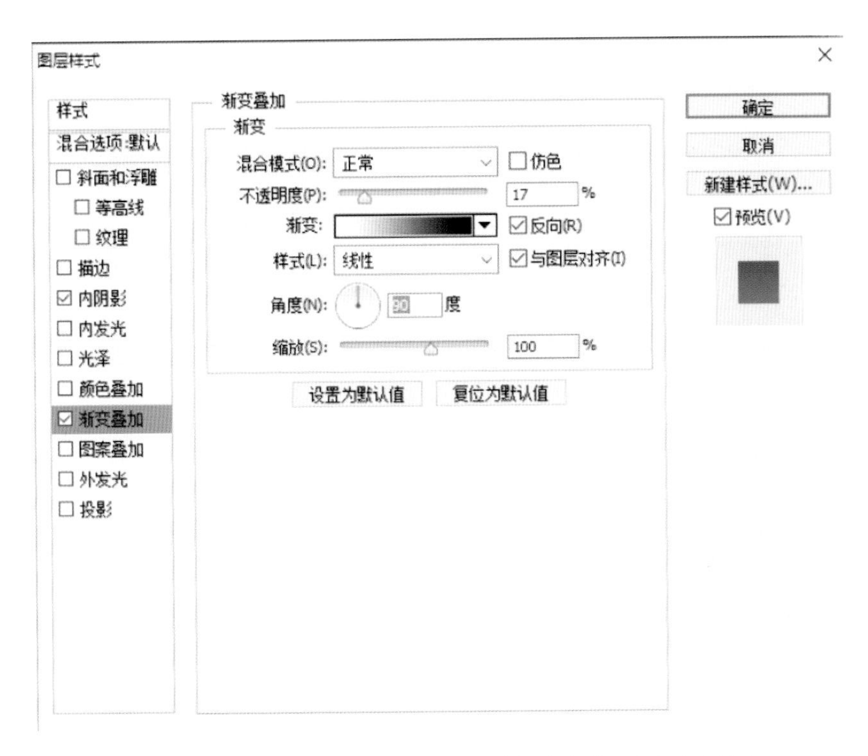

图 3 - 39　设置"渐变叠加"选项组中的相应参数(2)(相机图标)

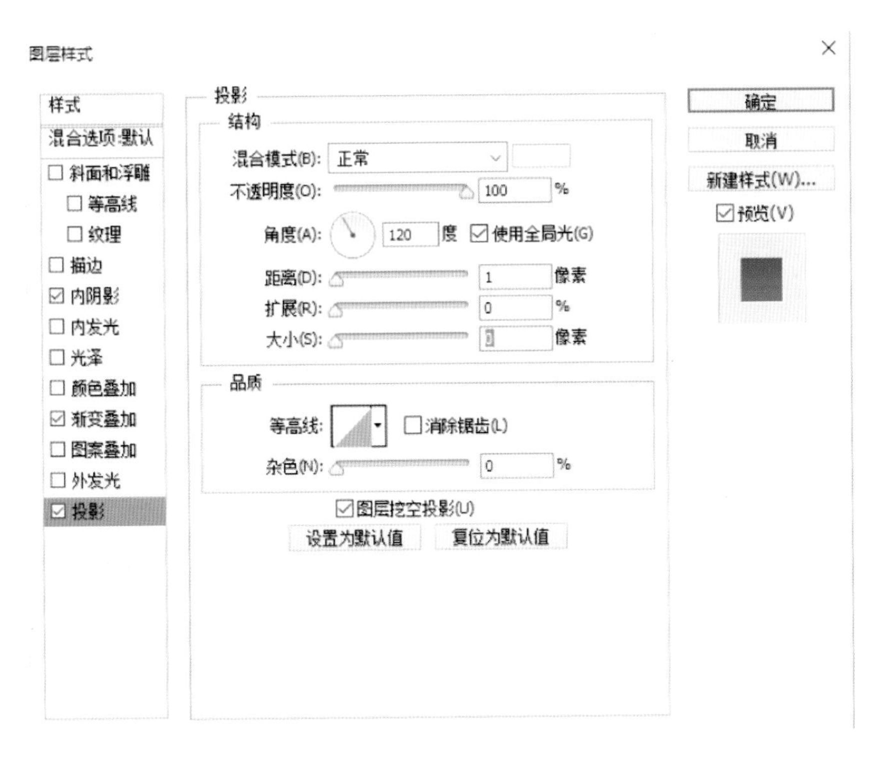

图 3 - 40　设置"投影"选项组中的相应参数(1)(相机图标)

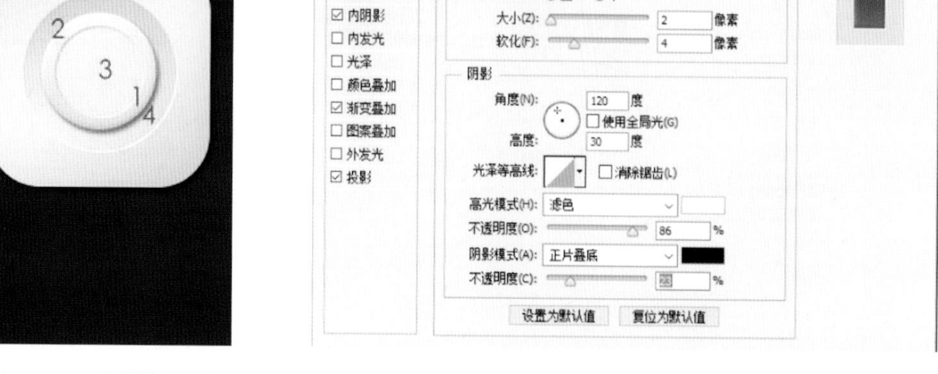

图 3-41　绘制镜头圆框

图 3-42　设置“斜面和浮雕”选项组中的相应参数(圆)

⑥ 对圆添加“内阴影”效果。打开“图层样式”对话框,选中“内阴影”复选框,将“不透明度”设置为 66%,其他参数设置如图 3-43 所示。

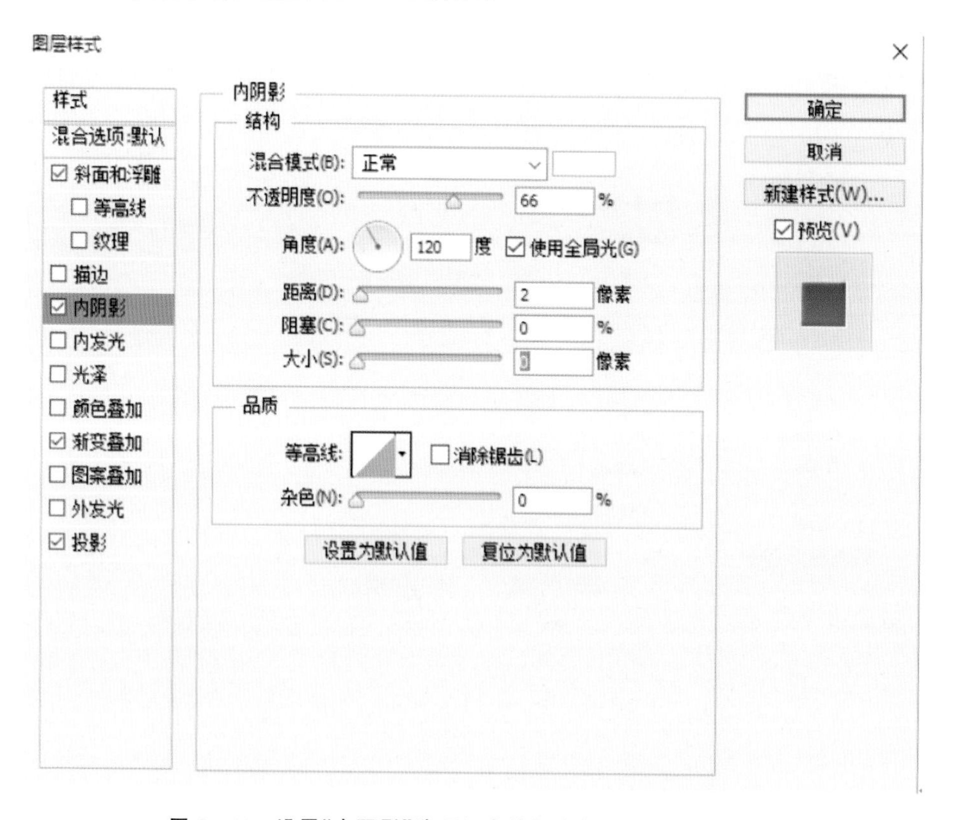

图 3-43　设置“内阴影”选项组中的相应参数(2)(相机图标)

⑦ 对圆添加“渐变叠加”效果。打开“图层样式”对话框，选中“渐变叠加”复选框，相应参数的设置如图 3-44 所示。

图 3-44　设置“渐变叠加”选项组中的相应参数(3)(相机图标)

⑧ 对圆添加“投影”效果。打开“图层样式”对话框，选中“投影”复选框，相应参数的设置如图 3-45 所示。

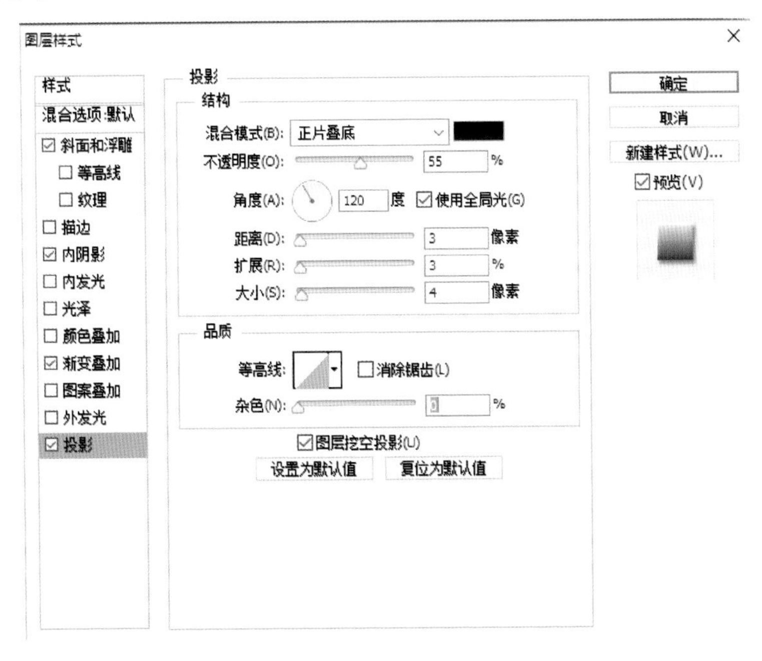

图 3-45　设置“投影”选项组中的相应参数(2)(相机图标)

⑨ 绘制一个大小为 70 像素×70 像素的圆，添加“内阴影”效果，设置“不透明度”为 35%，

做出向下凹陷进去的效果。打开“图层样式”对话框，选中“内阴影”复选框，相应参数的设置如图 3-46 所示。

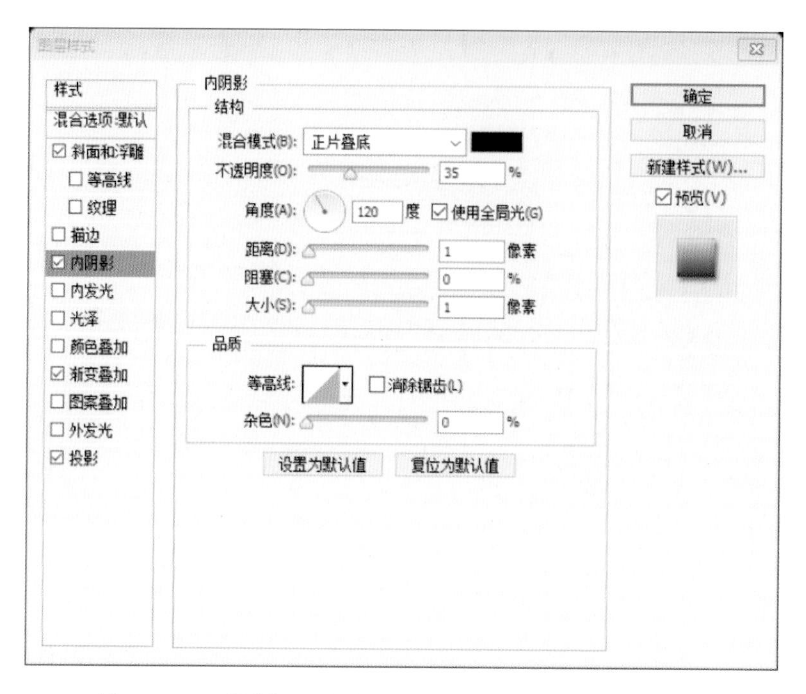

图 3-46　设置“内阴影”选项组中的相应参数(3)(相机图标)

⑩ 对圆添加“投影”效果。打开“图层样式”对话框，选中“投影”复选框，相应参数的设置如图 3-47 所示。

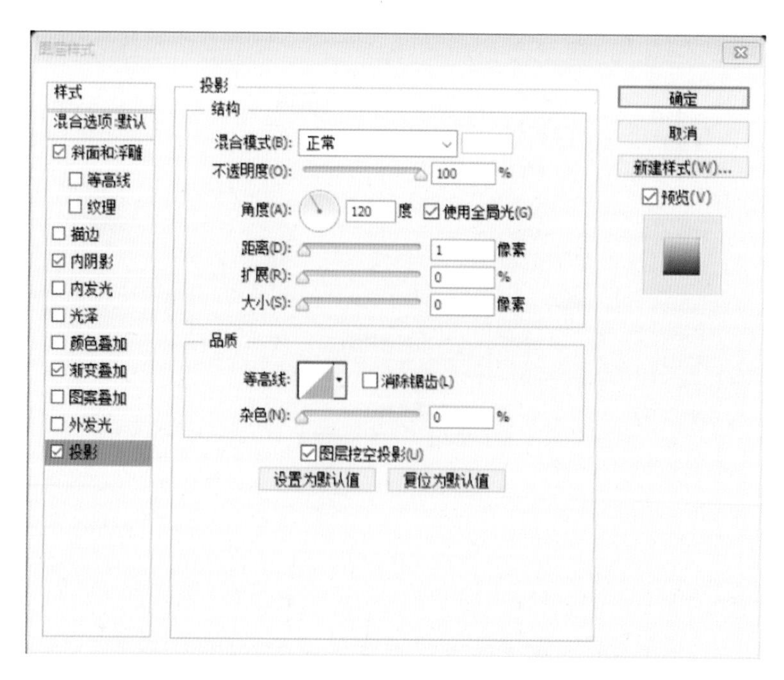

图 3-47　设置“投影”选项组中的相应参数(3)(相机图标)

⑪ 对相机添加黑色圆圈，作为相机的镜头，如图 3－48 所示。

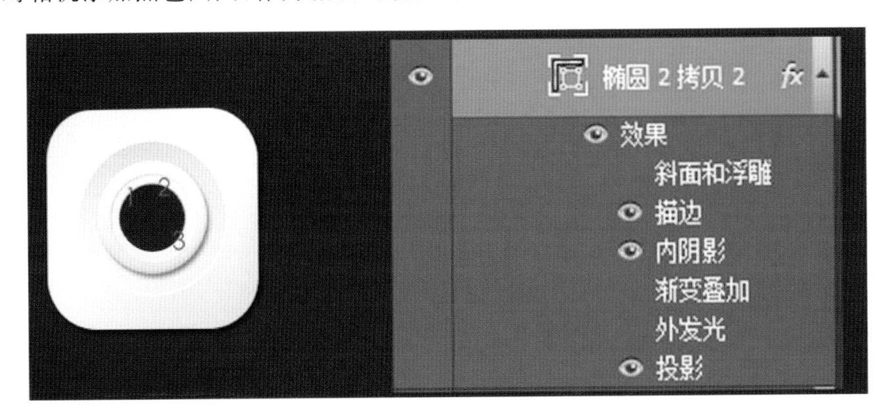

图 3－48　添加黑色圆圈

⑫ 对相机添加渐变圆圈，并添加"渐变叠加"效果(见图 3－49)。打开"图层样式"对话框，选中"渐变叠加"复选框，相应参数的设置如图 3－50 所示。

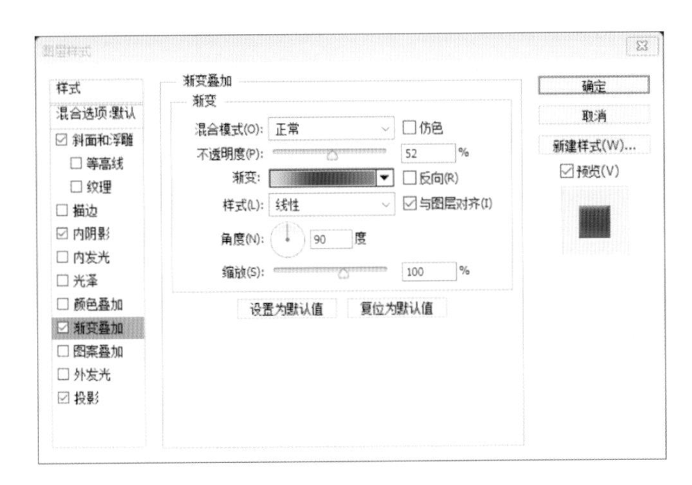

图 3－49　添加渐变圆圈　　图 3－50　设置"渐变叠加"选项组中的相应参数(4)(相机图标)

⑬ 对相机添加"高光"效果，整个相机图标就完成了，如图 3－51 所示。

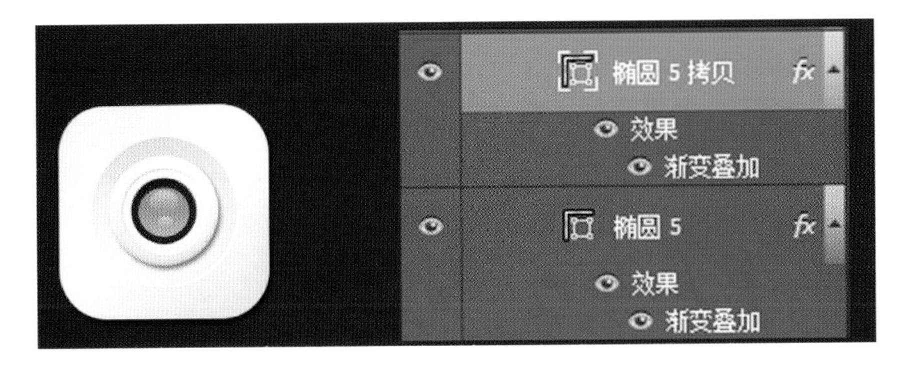

图 3－51　相机图标的最终效果图

任务 4 纹理的使用

纹理使用的方法如下:

① 需要两张素材——牛皮纹理和牛仔纹理,分别如图 3-52 和图 3-53 所示。

图 3-52 牛皮纹理

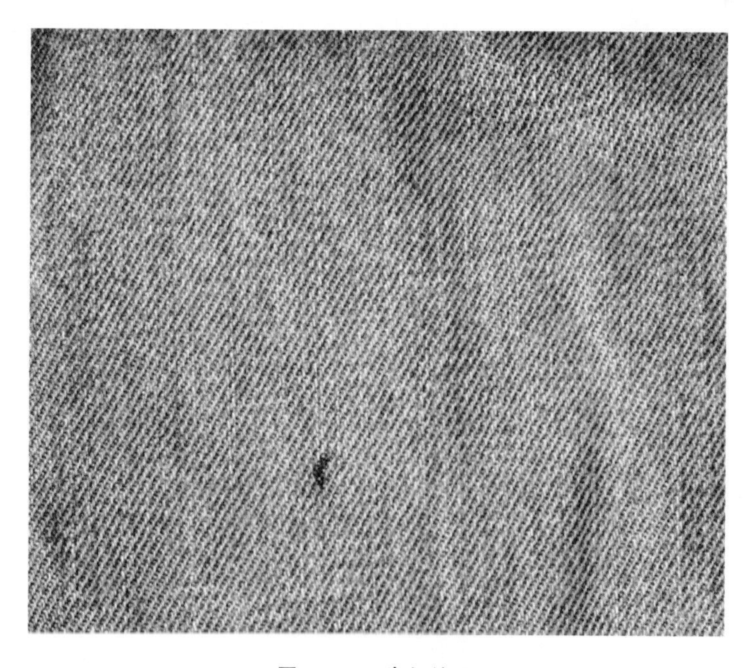

图 3-53 牛仔纹理

② 通过软件打开牛皮纹理素材(见图 3-54),同时把牛仔纹理素材也添加进去。

③ 输入文字“牛皮”。这里选择“方正胖头鱼”字体,大小为 230 点左右。

注意:字体和大小可以自由选择,如图 3-55 所示。

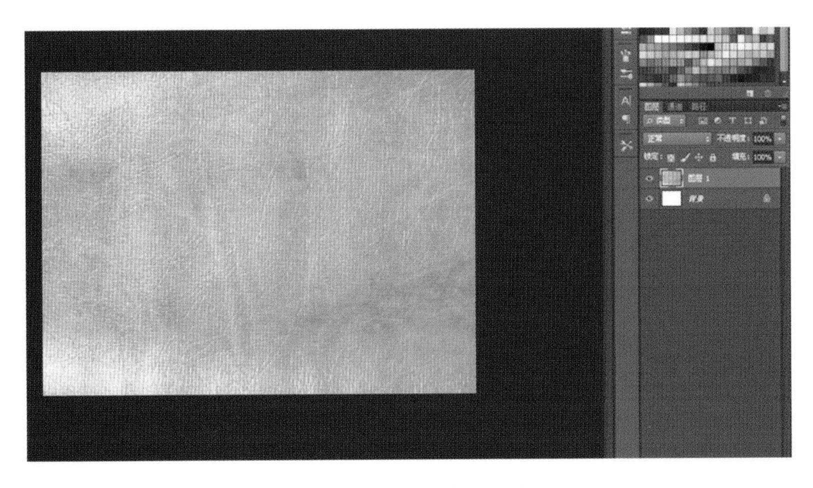

图 3-54　添加牛皮纹理素材

图 3-55　输入文字“牛皮”

④ 设置牛仔布效果，把字体的范围扩大。双击文字所在图层，打开“图层样式”对话框，选中“外发光”复选框，相应参数的设置如图 3-56 所示。

注意：别让外发光范围超出牛仔布。

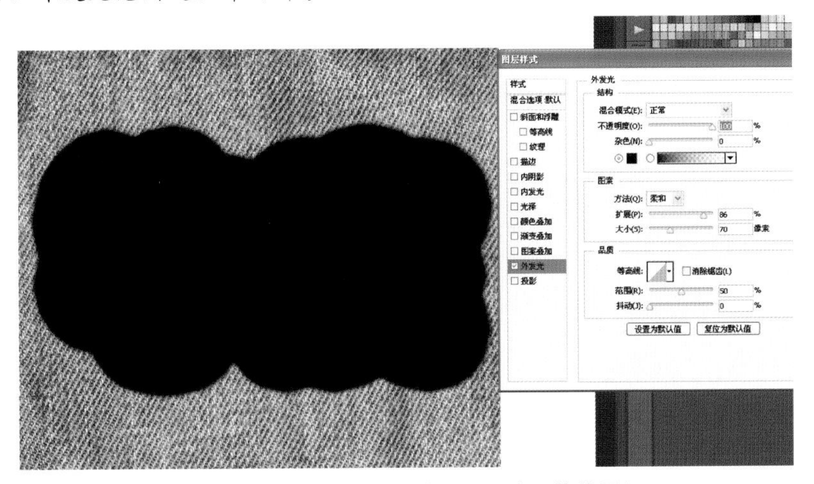

图 3-56　添加“外发光”效果(1)(纹理的使用)

⑤ 通过“通道”，调整文字边缘。隐藏牛仔纹理，切换到通道调板，然后复制任意一个颜色的通道，打开“色阶”对话框，具体数值自己把握，得到边缘滑润的外轮廓。执行“反相”命令，按住 Ctrl 键的同时单击，载入选区后回到图层，如图 3－57 所示。

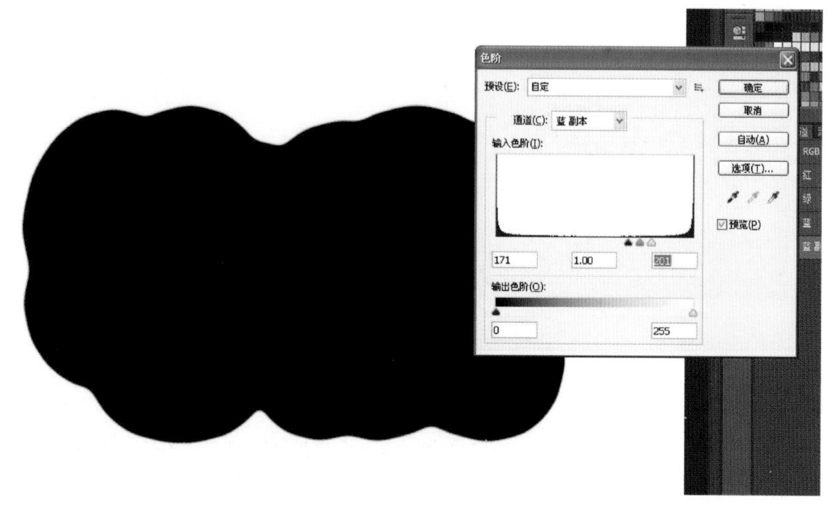

图 3－57 调整文字边缘

⑥ 在牛仔纹理素材所在图层下新建一图层，填充任意颜色，命名为“图层 2”。单击牛仔纹理素材所在图层，选择“图层”→“创建剪贴蒙版”命令，或者按 Ctrl＋Alt＋G 组合键，或者按住 Alt 键把鼠标指针移到牛仔纹理素材所在图层和“图层 2”之间单击。创建剪贴蒙版如图 3－58 所示。

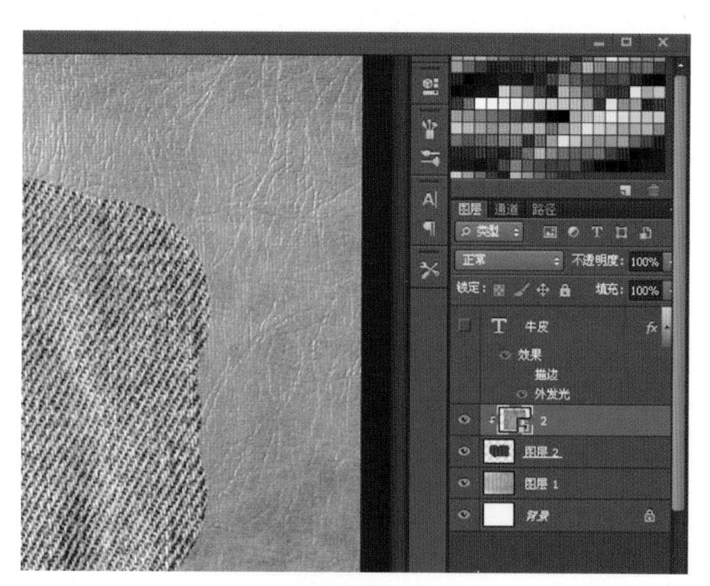

图 3－58 创建剪贴蒙版

⑦ 继续给牛仔纹理素材所在图层增加效果，双击“图层 2”打开“图层样式”对话框，选中“斜面和浮雕”复选框，相应参数的设置如图 3－59 所示。

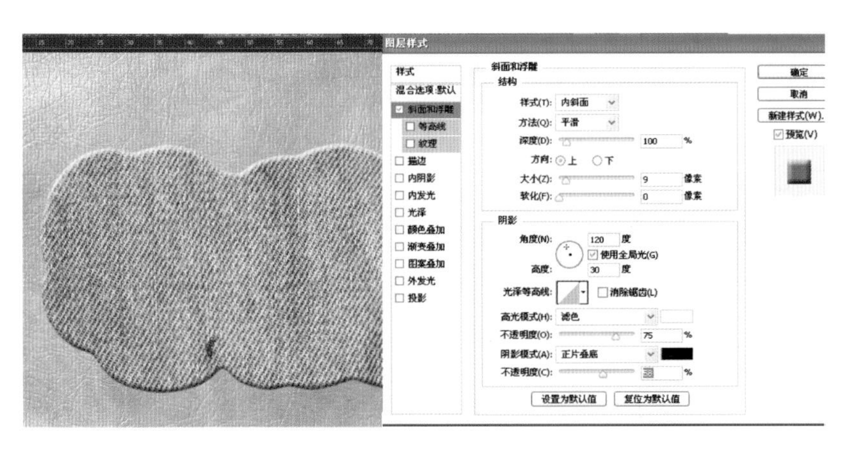

图 3－59　添加“斜面和浮雕”效果(1)(纹理的使用)

⑧ 添加“外发光”效果，增强凹陷的感官效果，具体设置如图 3－60 所示。

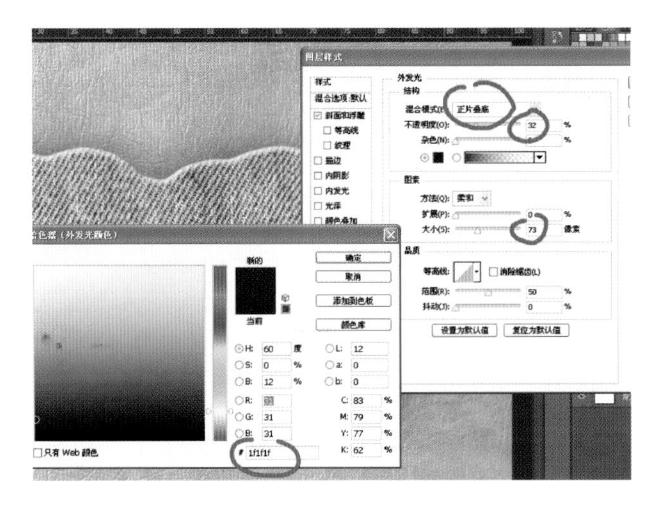

图 3－60　添加“外发光”效果(2)(纹理的使用)

⑨ 添加“投影”效果，具体设置如图 3－61 所示。

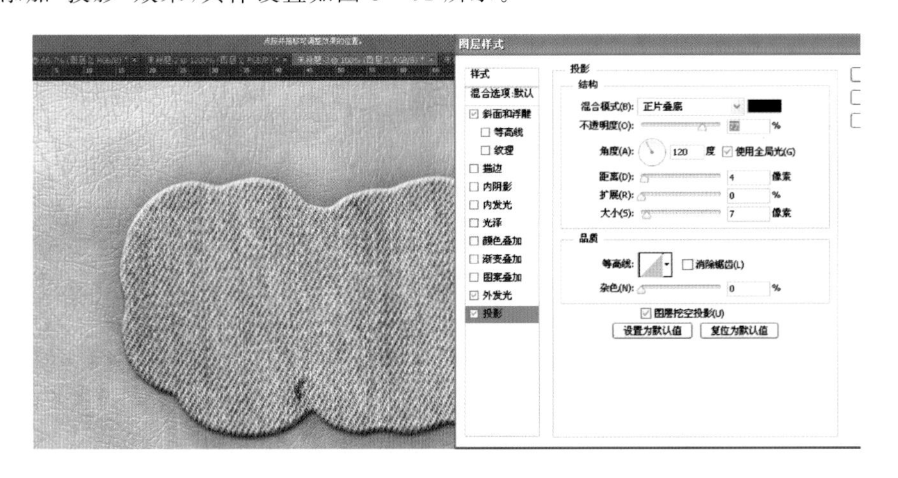

图 3－61　添加“投影”效果(1)(纹理的使用)

⑩ 选择“图层 2”,按住 Ctrl 键的同时单击,载入选区,然后选择“修改”→“收缩”命令,打开“收缩选区”对话框,在“收缩量”文本框中输入“17”,往内收缩 17 个像素,实现缝线的凹陷效果,如图 3-62 所示。

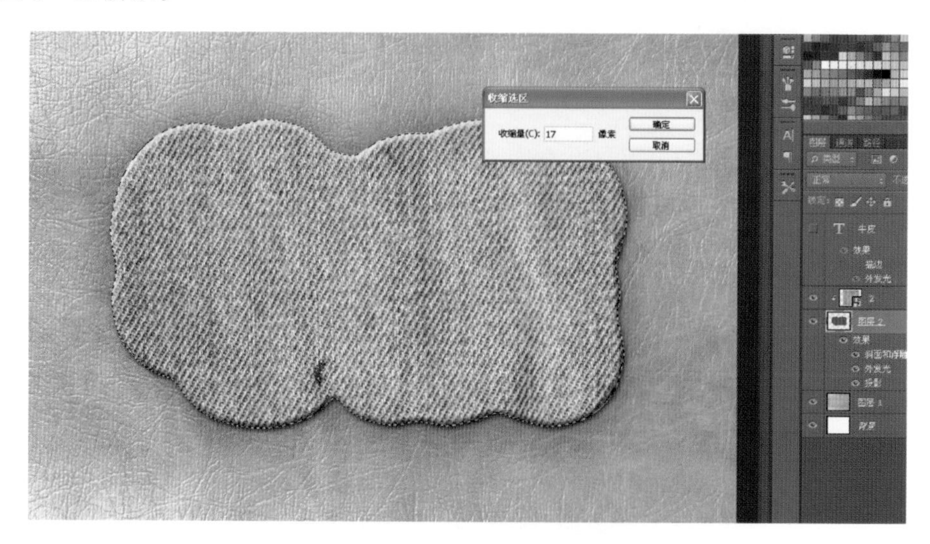

图 3-62　实现缝线的凹陷效果

⑪ 回到“路径”界面,单击“工作路径”按钮,得到一个路径,如图 3-63 所示。

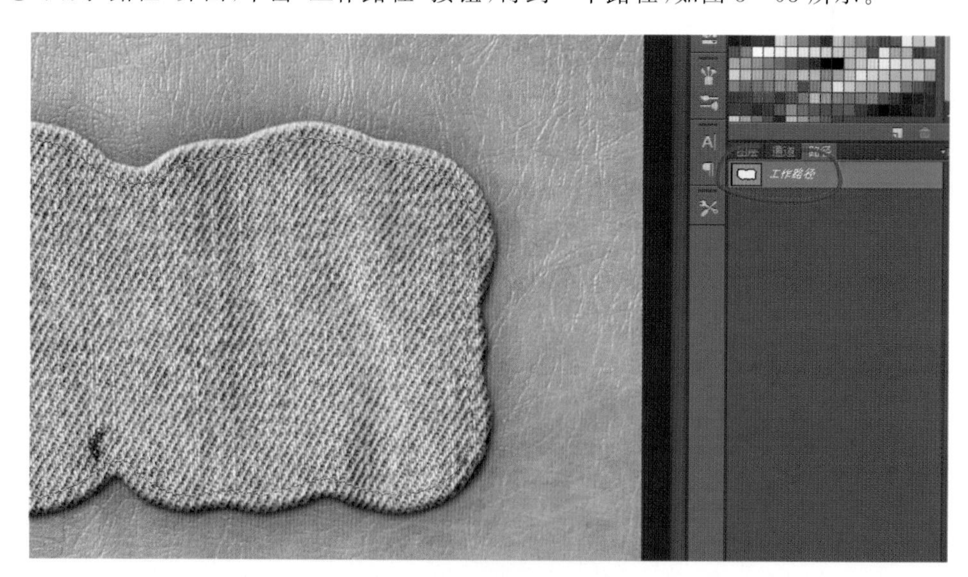

图 3-63　创建工作路径

⑫ 单击“图层”面板,在牛仔纹理素材所在图层上面新建一图层,此图层为“描边”图层。选择大小为 3 像素、硬度为 0 的黑色画笔,按 P 键选择钢笔工具,右击,在弹出的快捷菜单中选择“描边路径”,效果如图 3-64 所示。

⑬ 双击“描边”图层,打开“图层样式”对话框,添加“斜面和浮雕”效果,具体设置如图 3-65 所示。

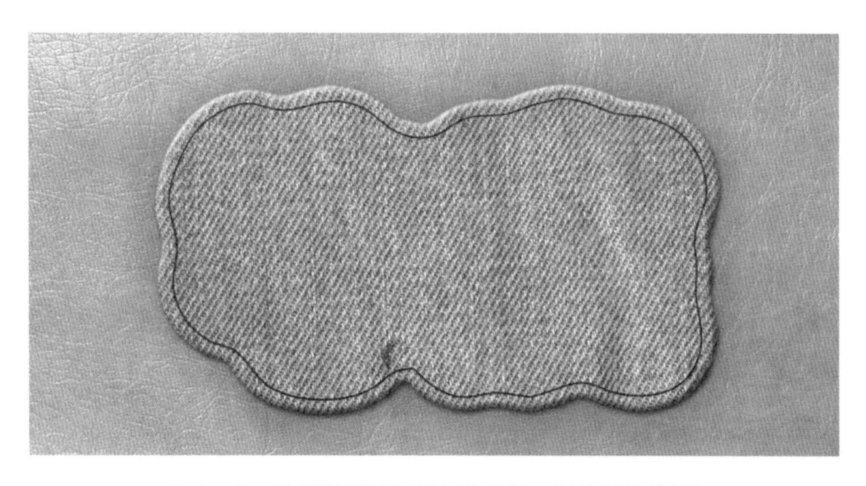

图 3 - 64　选择“描边路径”后的效果(1)(纹理的使用)

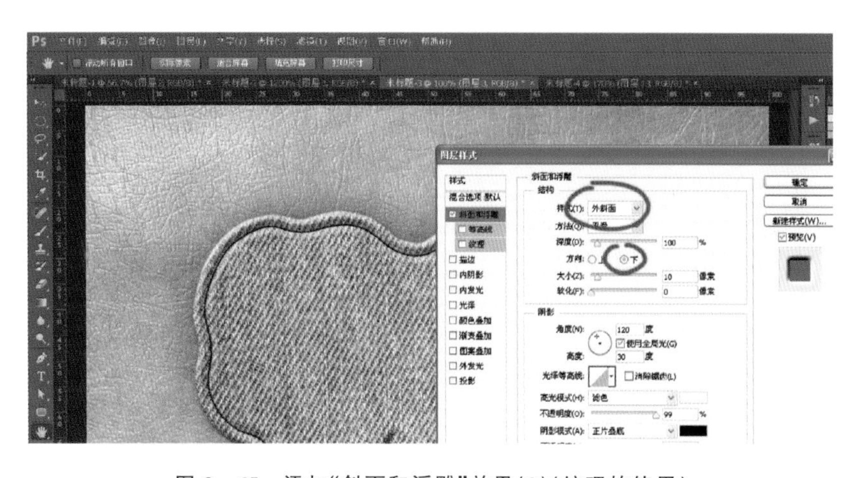

图 3 - 65　添加“斜面和浮雕”效果(2)(纹理的使用)

⑭ 新建一个 20 像素×100 像素的新文档，用椭圆工具画一个笔刷，以用来模拟缝合线。选择“编辑”→“定义画笔预设”命令，记住保存时的名字，如图 3 - 66 所示。

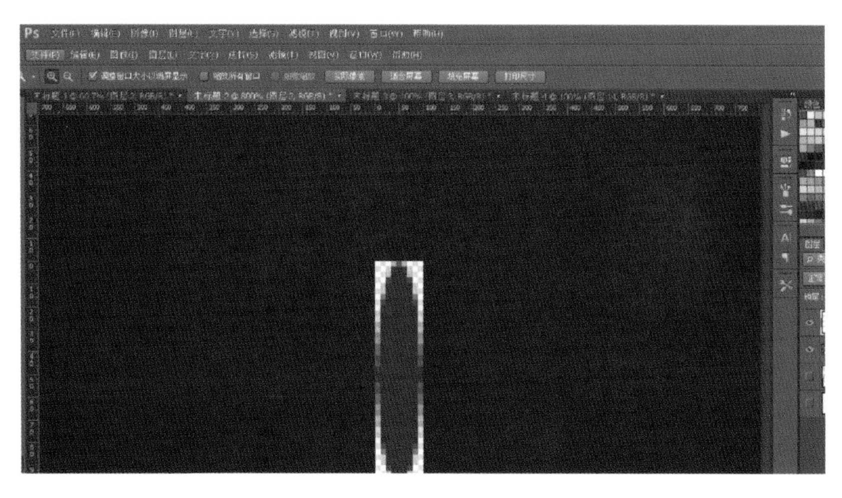

图 3 - 66　用椭圆工具画的笔刷

⑮ 在“路径”选项卡中单击“工作路径”按钮，返回图层，在“描边”图层上面新建一图层，接着预设画笔，按 B 键，单击“画笔预设”按钮，在“画笔笔尖形状”选项组中选中“平滑”复选框，然后，更改“角度”“大小”“间距”的值，如图 3－67 所示。

⑯ 在“画笔笔尖形状”选项组中选中“形状动态”复选框以调整形状动态，具体参数设置如图 3－68 所示。

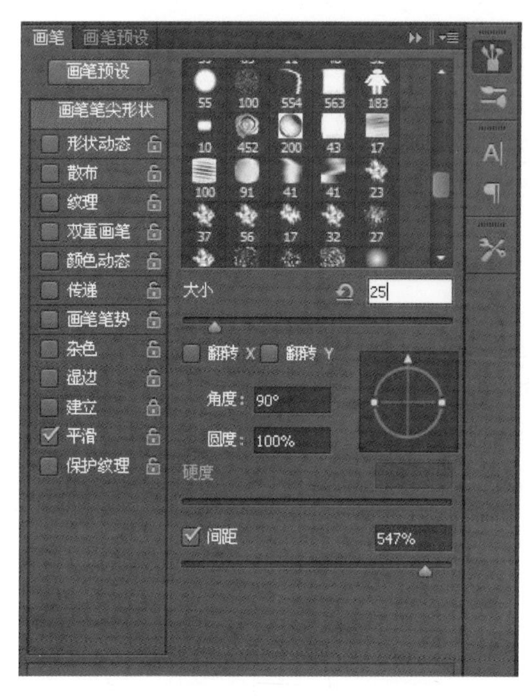

图 3－67　调整画笔的属性(1)(纹理的使用)

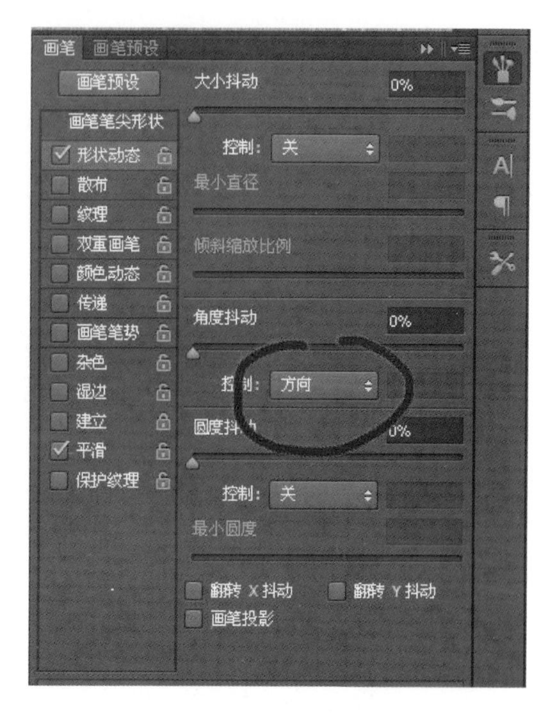

图 3－68　调整画笔的属性(2)(纹理的使用)

⑰ 预设完后选择一个浅色的前景色，按 P 键，右击，在弹出的快捷菜单中选择“描边路径”，效果如图 3－69 所示。

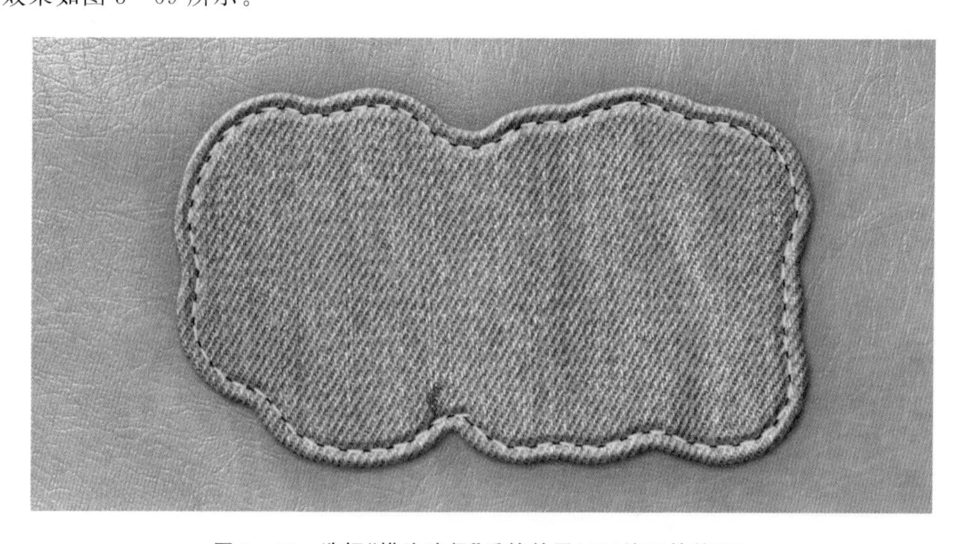

图 3－69　选择“描边路径”后的效果(2)(纹理的使用)

⑱ 添加“斜面和浮雕”效果，具体设置如图 3－70 所示。

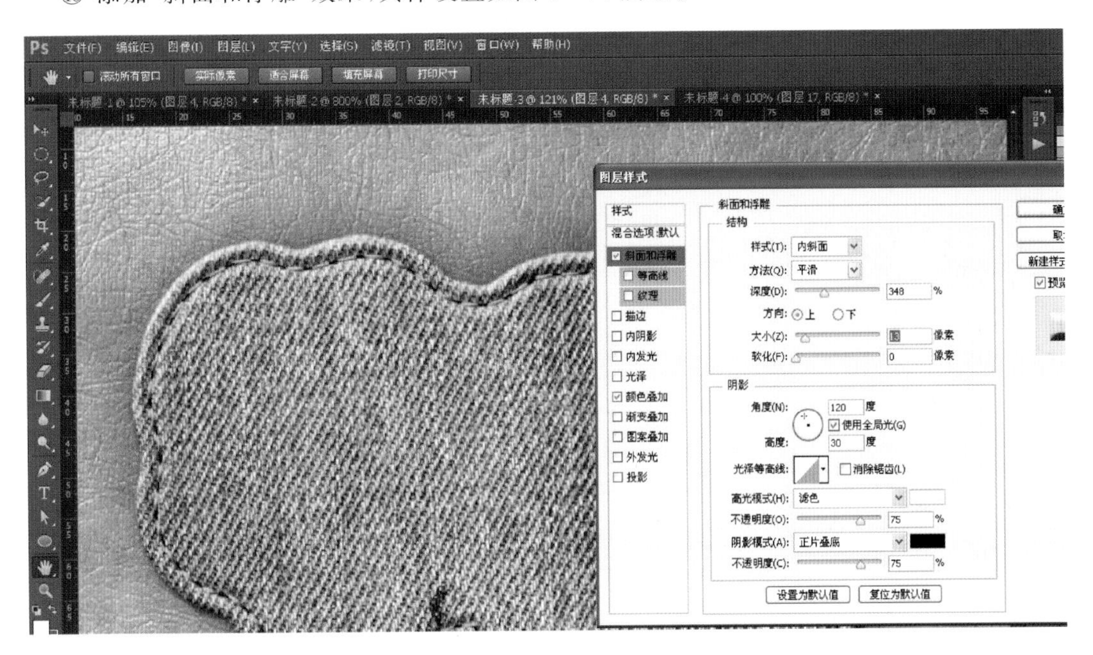

图 3－70　添加“斜面和浮雕”效果(3)(纹理的使用)

⑲ 添加“颜色叠加”效果，突出真实性，具体设置如图 3－71 所示。

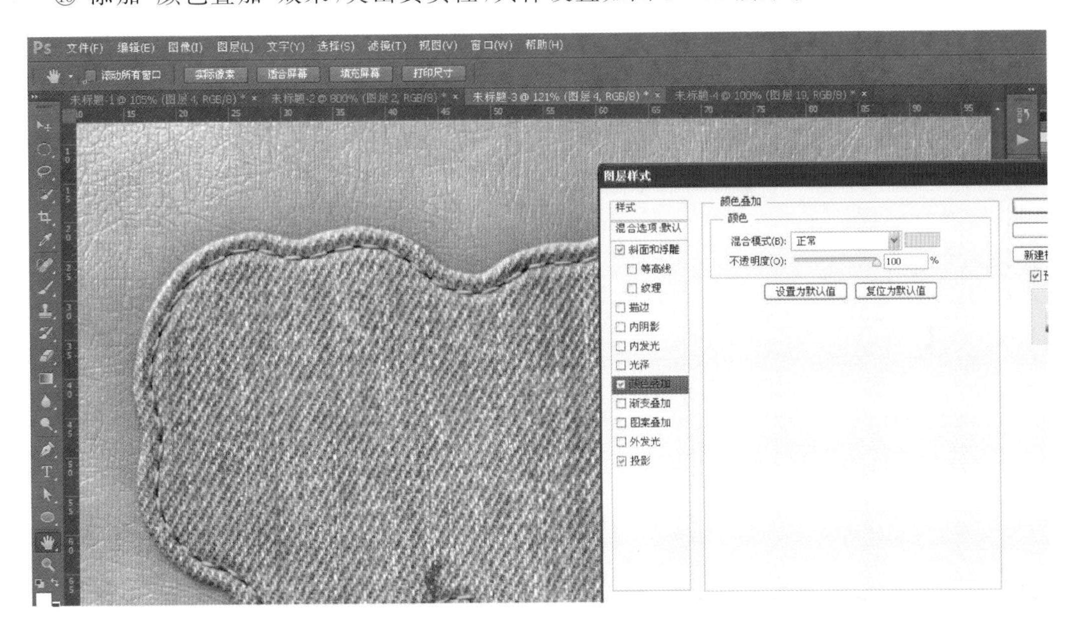

图 3－71　添加“颜色叠加”效果

⑳ 模拟牛仔布用剪刀剪开后边缘散出的纤维。新建一个文档制作笔刷，用具有一个像素的画笔歪歪扭扭地画一条线，选择“编辑”→“定义画笔预设”命令，效果如图 3－72 所示。

㉑ 同样对它进行预设操作，在“画笔笔尖形状”选项组中选中“平滑”复选框，相应参数的设置如图 3－73 所示。

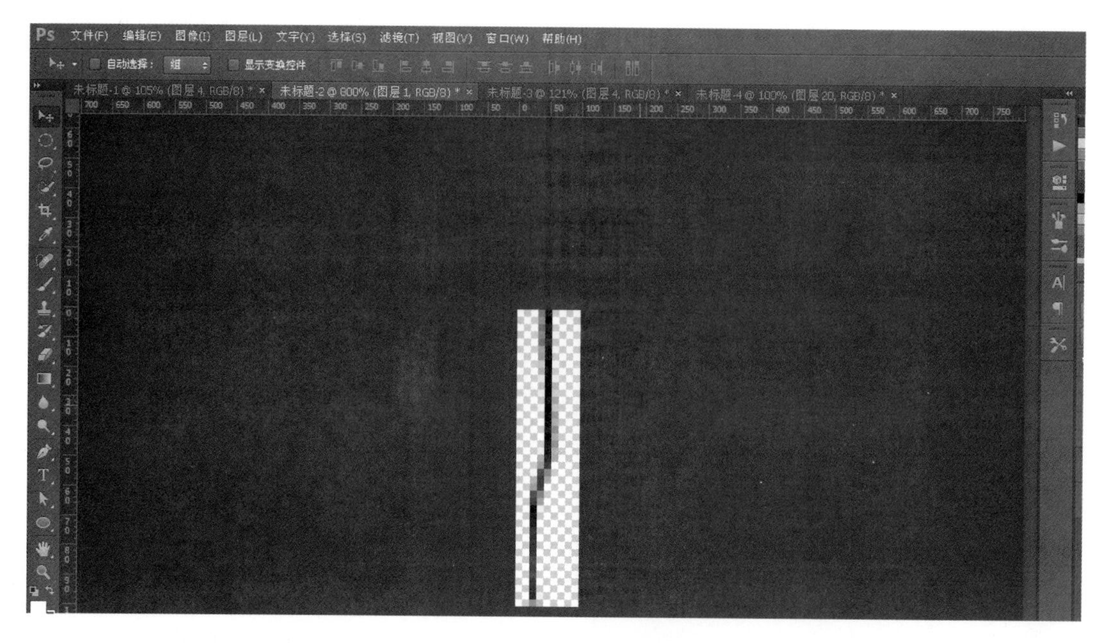

图 3－72　用画笔画的笔刷

㉒ 在“画笔笔尖形状”选项组中选中“形状动态”复选框，相应参数的设置如图 3－74 所示。

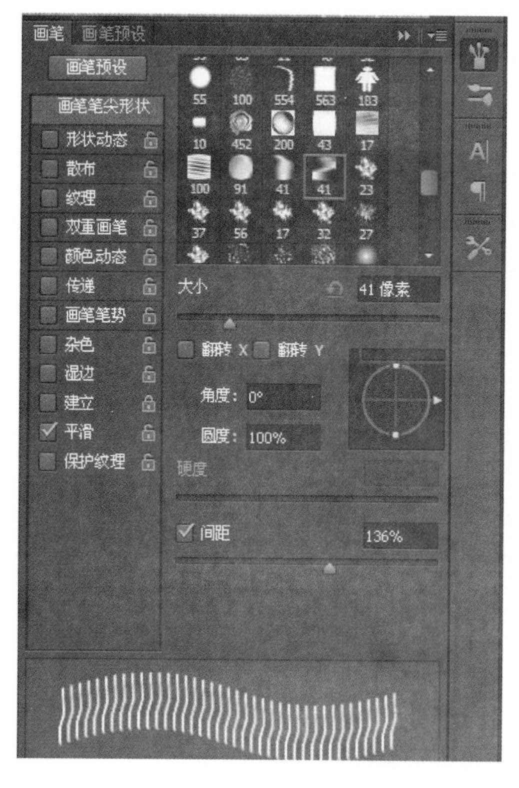

图 3－73　设置画笔形状

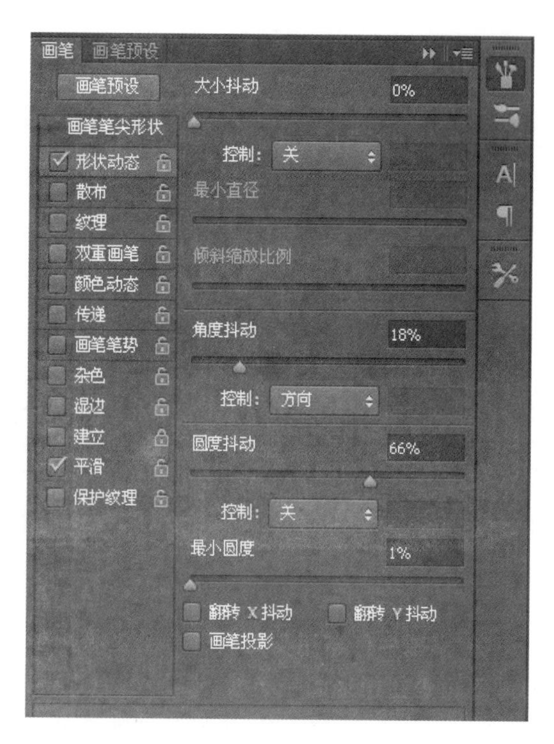

图 3－74　设置“形状动态”效果

㉓ 在“画笔笔尖形状”选项组中选中“散布”复选框，相应参数的设置如图3－75所示。

㉔ 在“路径”选项卡中单击“工作路径”按钮取得路径后返回图层，在填充层上按P键，右击，在弹出的快捷菜单中选择“描边路径”，效果如图3－76所示。

㉕ 制作“牛皮”二字。单击文字所在图层，恢复文字所在图层。单击牛仔纹理素材所在图层，清除图层样式，如图3－77所示。

㉖ 复制牛皮处理素材所在图层，将复制的图层拖到文字所在图层上，并按Alt＋Ctrl＋G组合键创建图层蒙版，如图3－78所示。

㉗ 添加“斜面和浮雕”效果，具体参数设置如图3－79所示。

㉘ 添加“投影”效果，具体参数设置如图3－80所示。

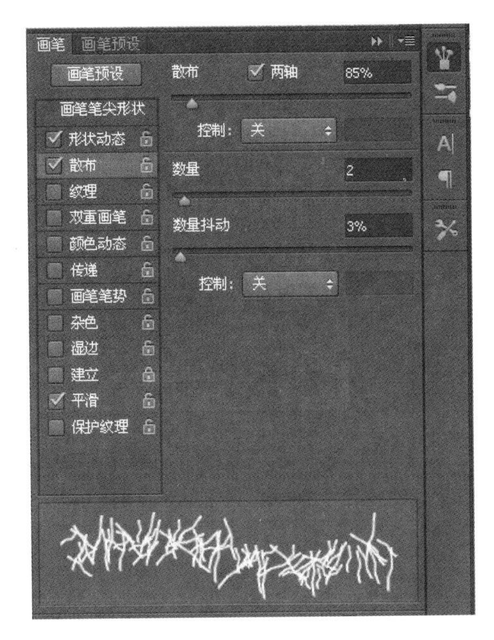

图3－75　设置“散布”效果

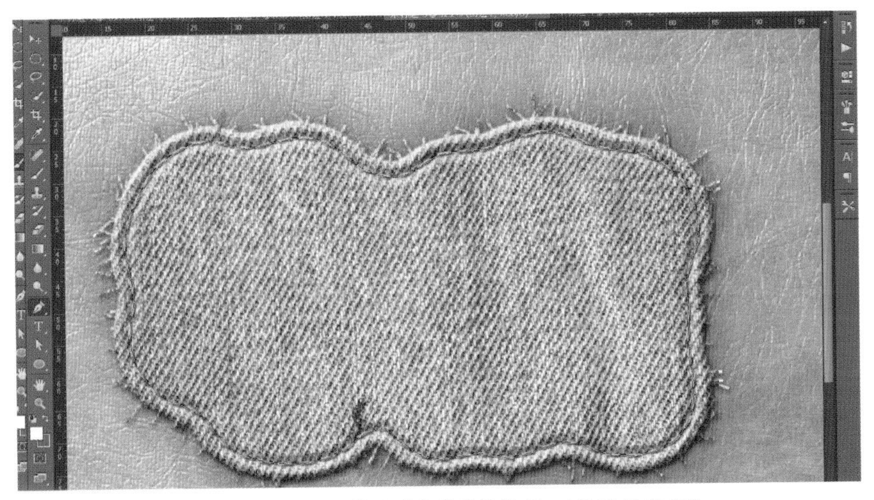

图3－76　选择“描边路径”后的效果3(纹理的使用)

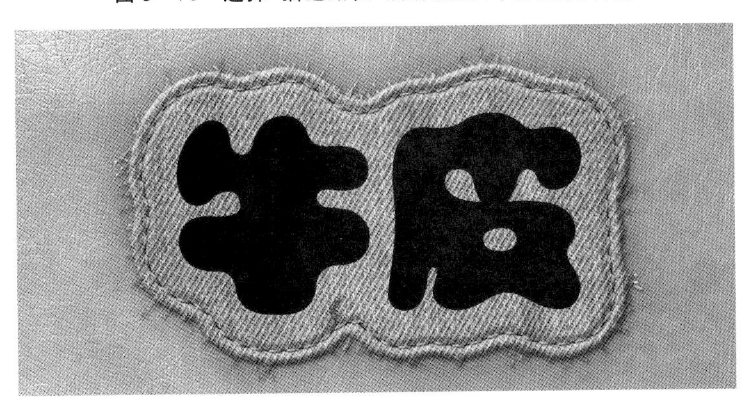

图3－77　制作“牛皮”二字

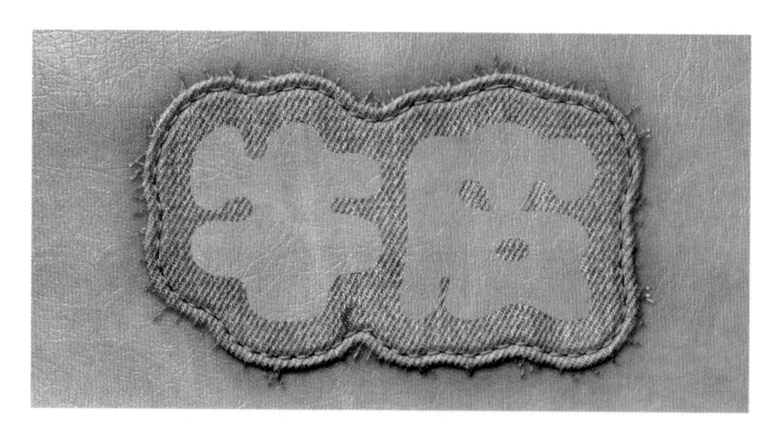

图 3－78　创建图层蒙版

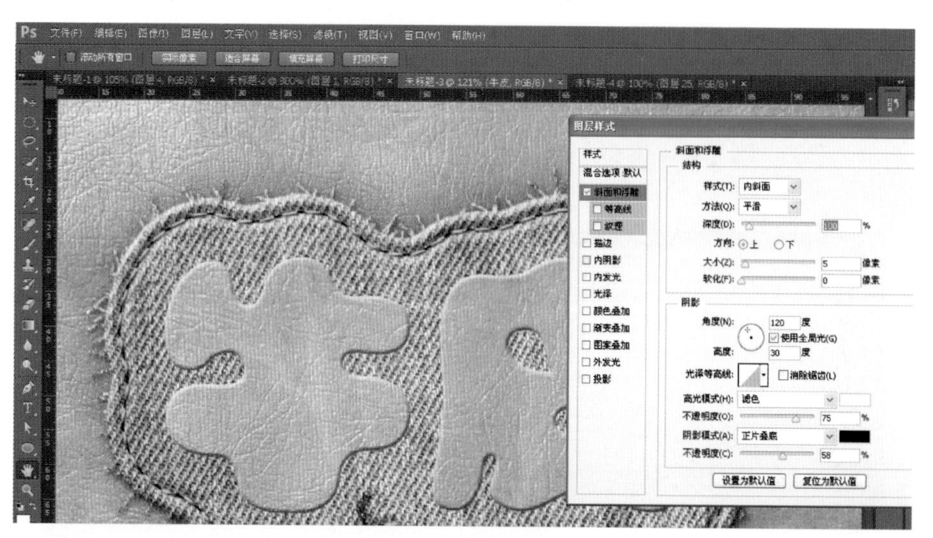

图 3－79　添加“斜面和浮雕”效果(4)(纹理的使用)

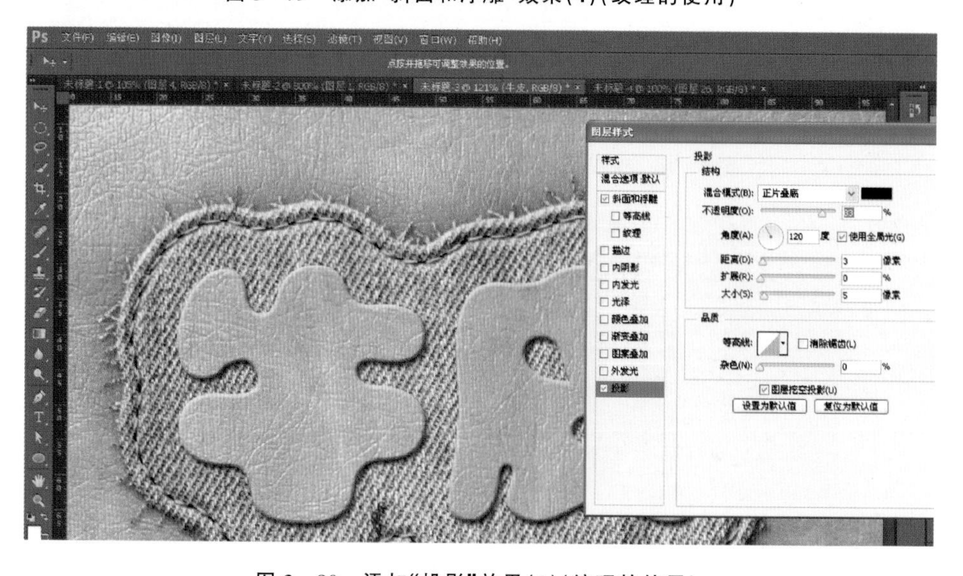

图 3－80　添加“投影”效果(2)(纹理的使用)

㉙ 通过内阴影模拟高光，具体参数设置如图 3－81 所示。

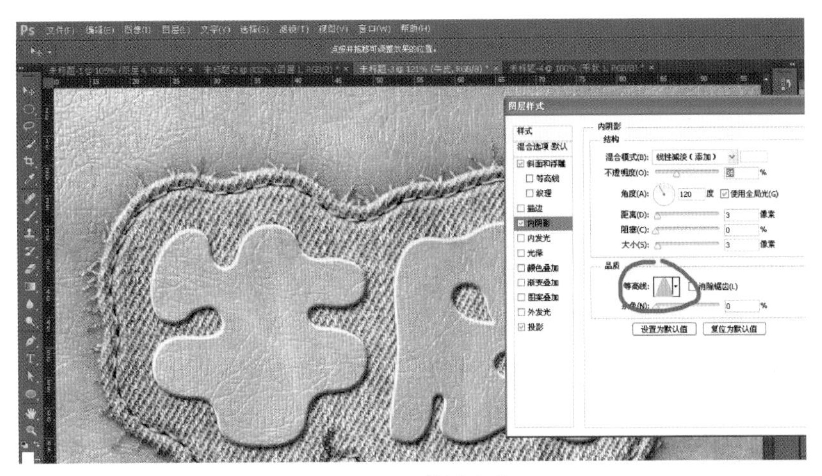

图 3－81　模拟高光

㉚ 按住 Ctrl 键的同时单击文字所在图层取得选区，收缩 14 个像素，按照上述描边过程对此图层描边。“描边”对话框如图 3－82 所示。

图 3－82　“描边”对话框

㉛ 设置高斯模糊 3.0，添加“斜面和浮雕”效果，具体参数设置如图 3－83 所示。

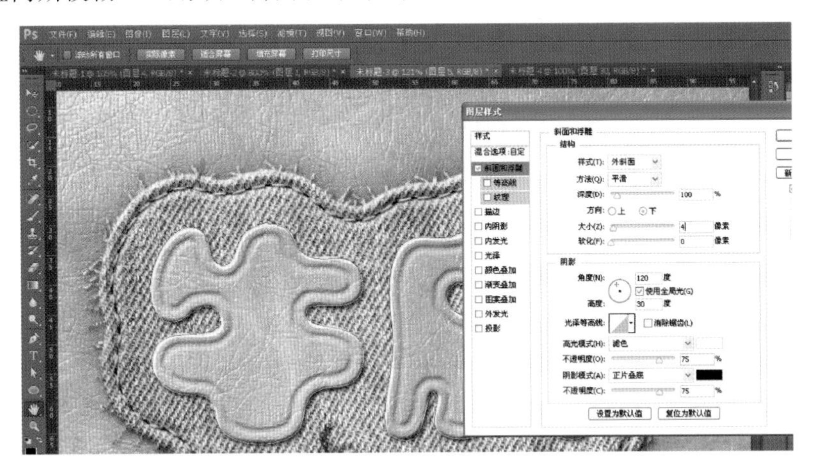

图 3－83　添加“斜面和浮雕”效果(5)(纹理的使用)

㉜ 将复制的“描边”图层填充度变低，如图 3-84 所示。

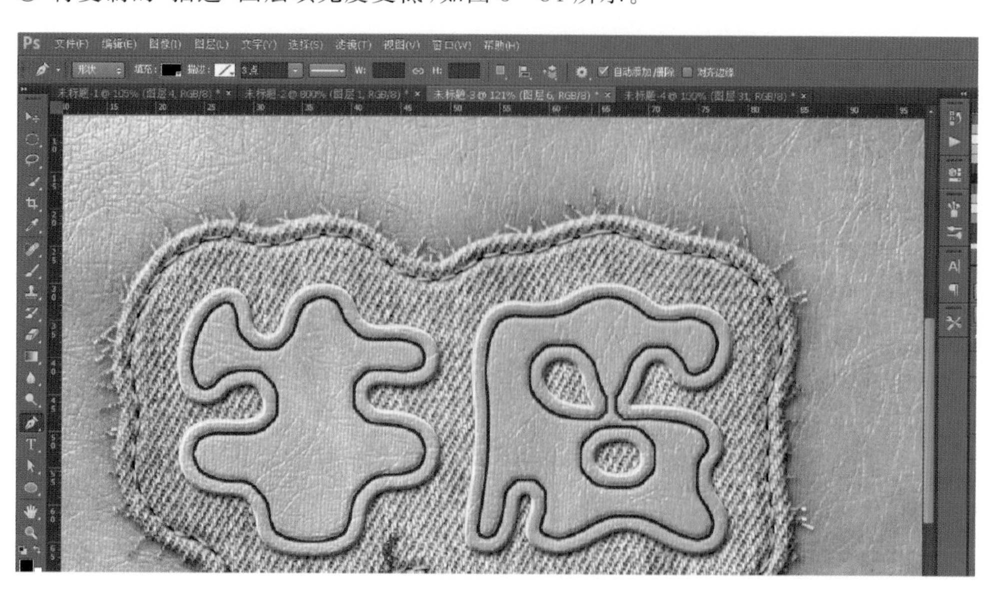

图 3-84 调整“描边”图层的填充度

㉝ 将选区转为路径，在“描边”图层上面新建一图层制作缝线（采用前面介绍过的一些方法，这里不再赘述），如图 3-85 所示。

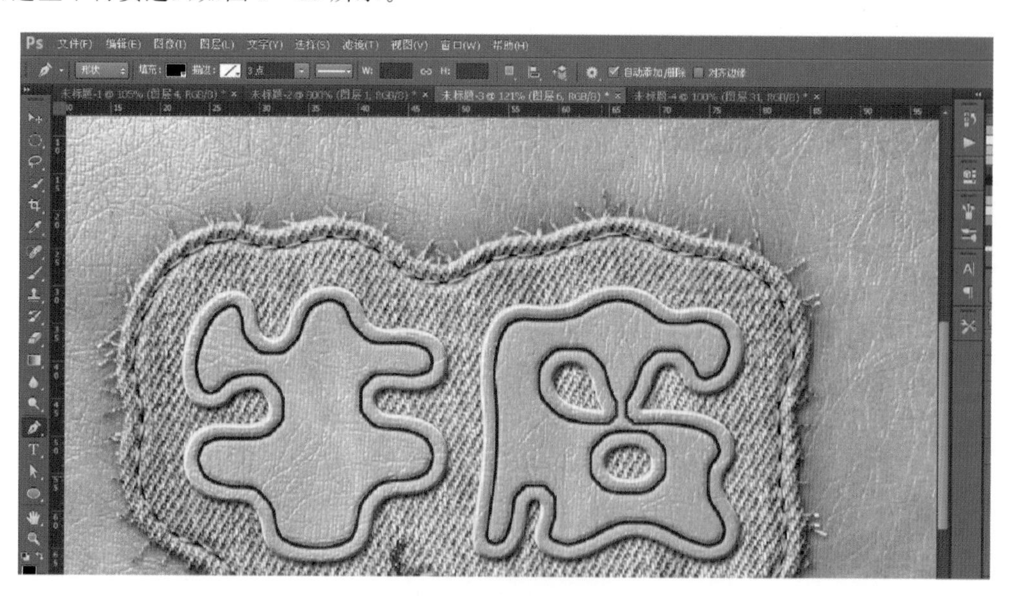

图 3-85 制作缝线

㉞ 使用缝线画笔创建缝线，具体参数设置如图 3-86 所示。

㉟ 按 P 键，选用浅色为前景色，右击，在弹出的快捷菜单中选择“描边路径”，如图 3-87 所示。

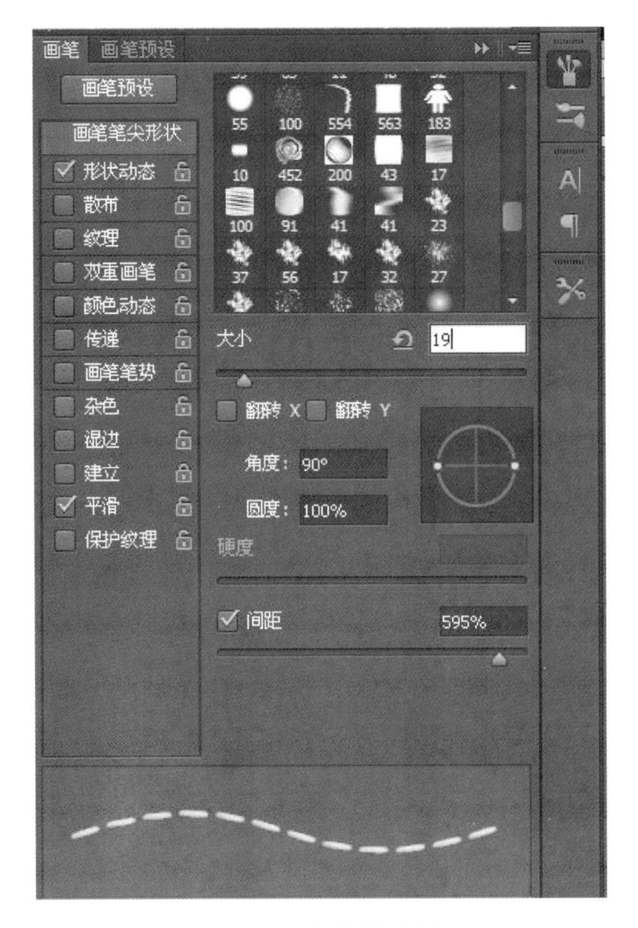

图 3－86　设置缝线画笔

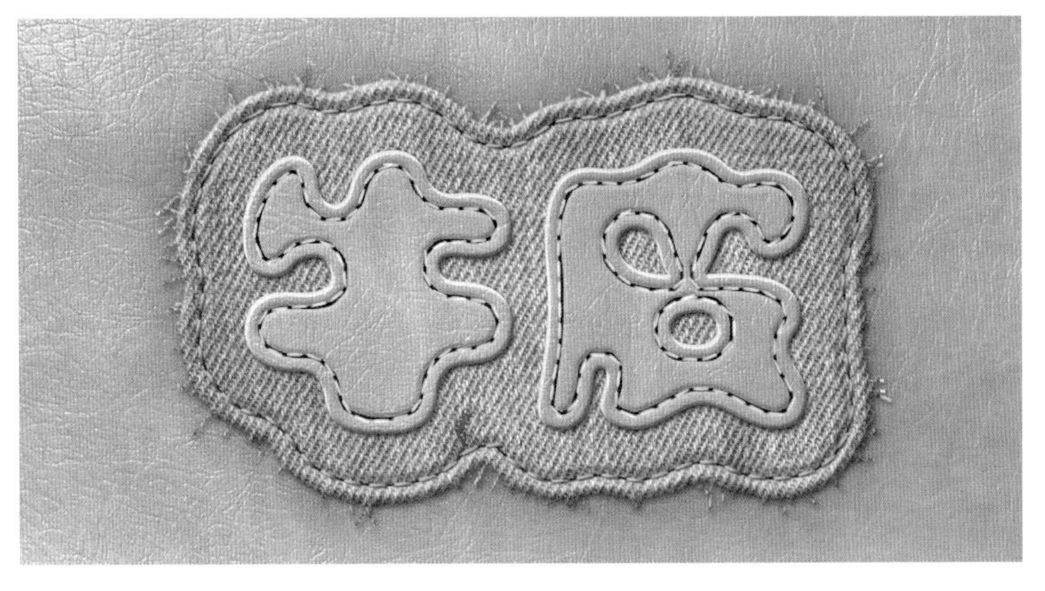

图 3－87　选择“描边路径”后的效果图(4)(纹理的使用)

㊱ 添加“斜面和浮雕”效果，具体参数设置如图 3－88 所示。

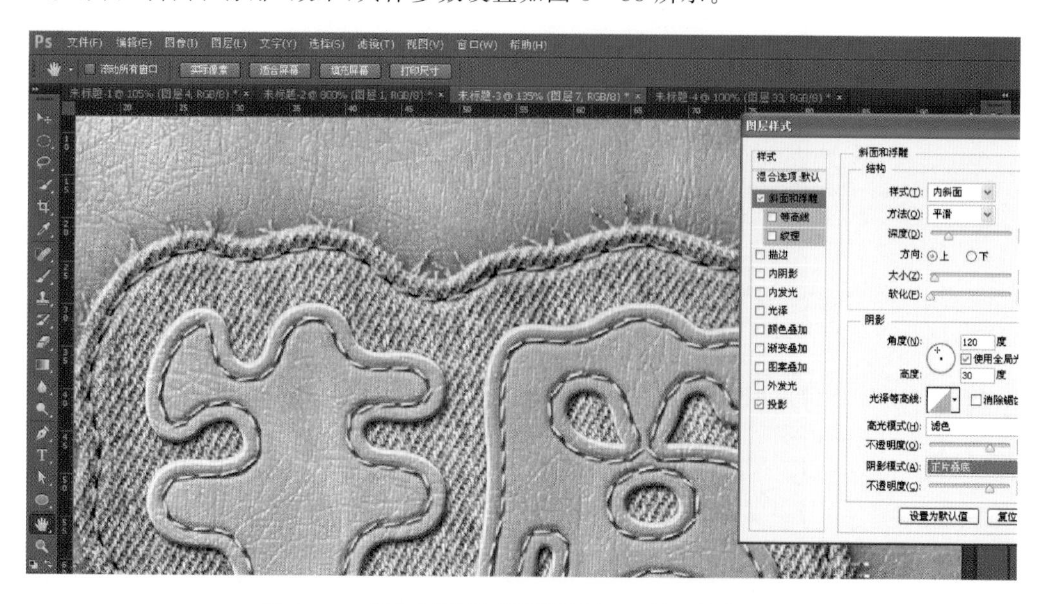

图 3－88 添加“斜面和浮雕”效果(6)(纹理的使用)

㊲ 添加“投影”效果，突出真实性，具体参数设置如图 3－89 所示。

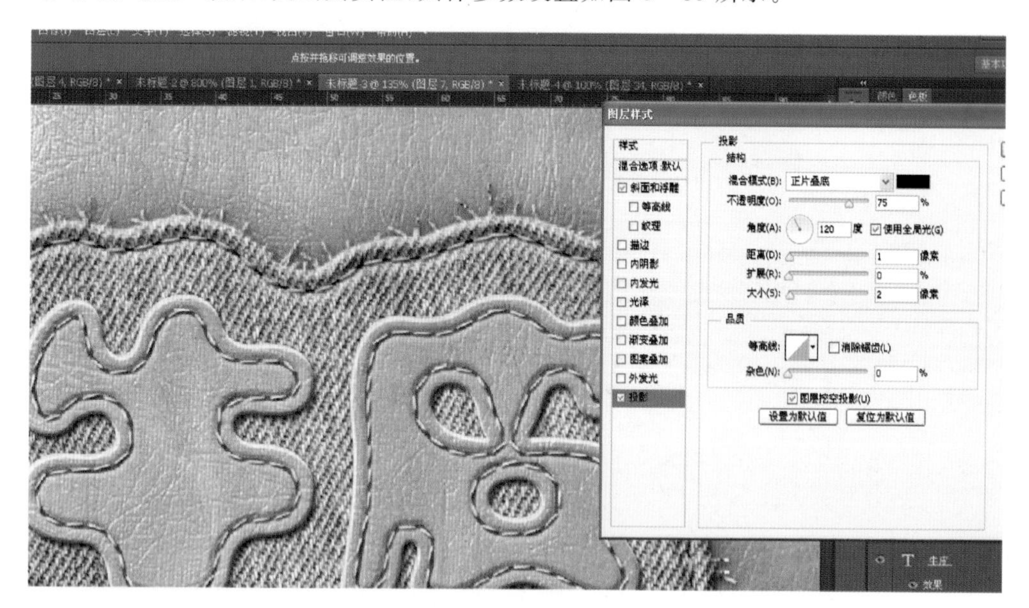

图 3－89 添加“投影”效果(3)(纹理的使用)

㊳ 制作完毕，最终效果图如图 3－90 所示。

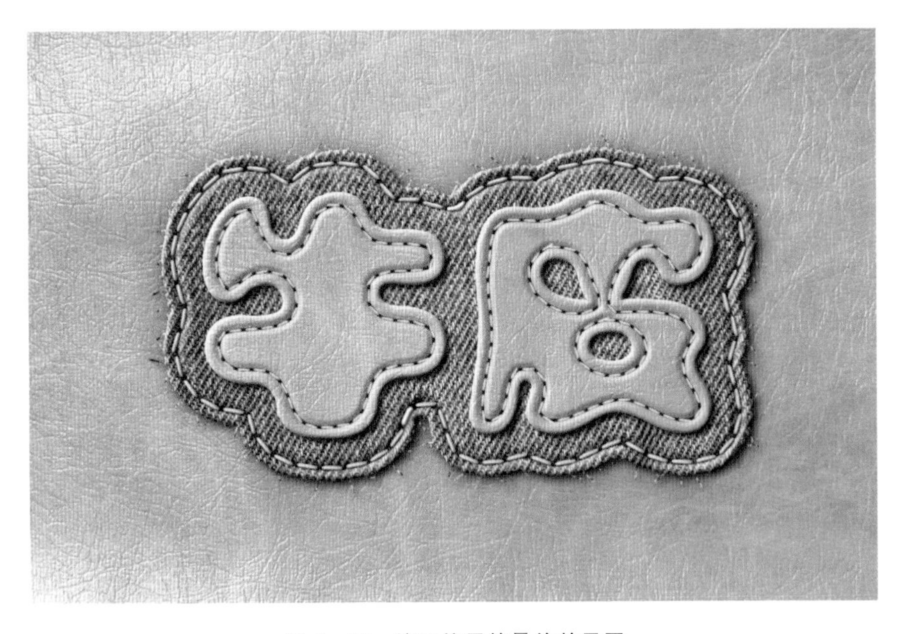

图 3－90　纹理使用的最终效果图

【本章习题】

自主设计带有应用特色或个人特色的图标。

第 4 章　网页的设计与制作

【本章目标】

① 根据产品经理给定的原型交互图做界面相关设定；

② 根据原型交互图设计网页界面；

③ 实现基本的网页界面的图标显示，例如按钮、图标等；

④ 将界面相互切换的过程体现到该设计界面中；

⑤ 将文字嵌套到 UI 界面中；

⑥ 总体色彩的搭配要合理。

任务　网页主页界面的设计与制作

在产品经理给定的原型交互图(如图 4 - 1 所示)的基础上确定界面版块。

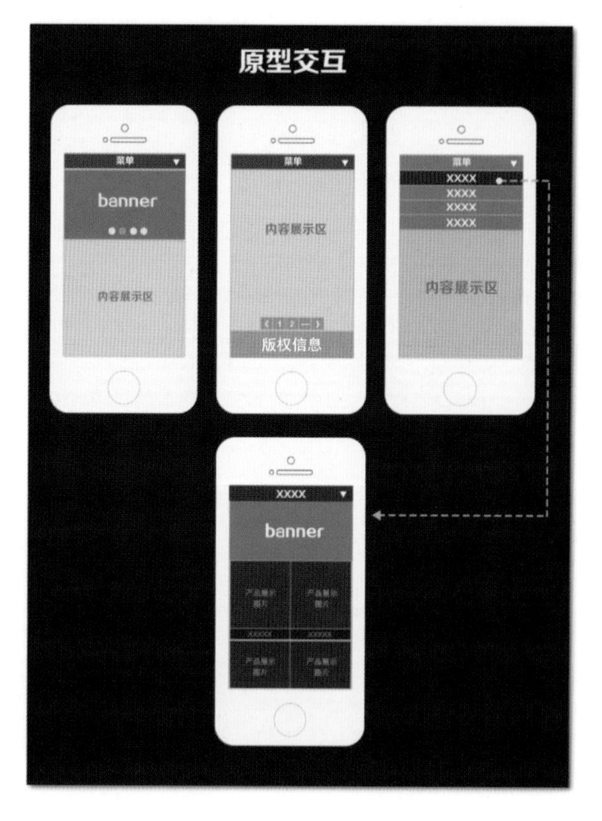

图 4 - 1　原型交互图

在图 4 - 1 所示原型交互图上可以明确地看到网页主页界面由顶部菜单、轮播 banner、内容展示区、跳转页面标签、底部版权信息 5 个版块组成。顶部菜单由 4 个菜单项和 1 个三角形的提示图标组成，这些内容都是主页所要做出来的版块。接下来根据版块进入设计制作阶段。

网页主页界面设计与制作的步骤如下：

① 该网站以苹果 5S 手机的屏幕大小来制作，主题确定为与服装相关的网站。新建画布大小为 640 像素×1 136 像素，分辨率为 72 像素。

② 拖拽一个矩形形状，大小设置为 640 像素×70 像素，颜色为橙色，制作为顶部菜单，如图 4-2 所示。

图 4-2 制作顶部菜单

③ 制作一个轮播图片，大小为 640 像素×350 像素，如图 4-3 所示。

④ 在顶部菜单栏中输入“网站首页”，并在旁边新建多边形形状，“边”设置为“3”，创建三角形形状，颜色为白色，如图 4-4 所示。效果图如图 4-5 所示。

图 4-3 创建轮播图片

图 4-4 创建三角形

图 4-5 网站首页效果图

⑤ 顶部菜单设置 4 个菜单项，分别是“时尚女装”“潮牌男装”“孕妇装”“关于我们”，同时将组命名为“菜单栏”，如图 4－6 所示。

图 4－6　顶部菜单设置的 4 个菜单项

⑥ 关闭显示菜单栏，再做 3 张大小为 640 像素×350 像素的 banner 图片并合并为组，将组命名为“banner 1”，如图 4－7～图 4－10 所示。

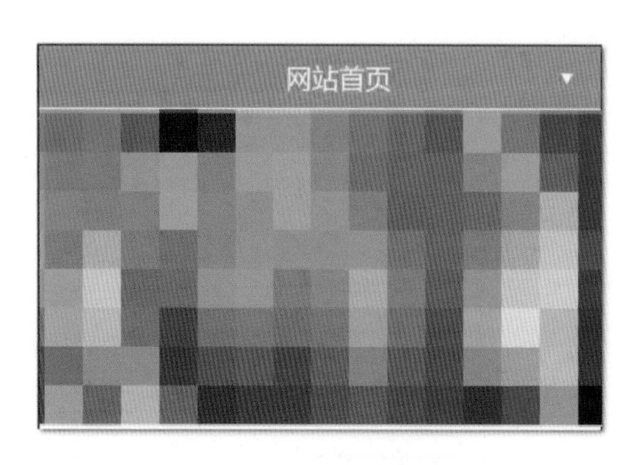

图 4－7　banner 效果图(1)

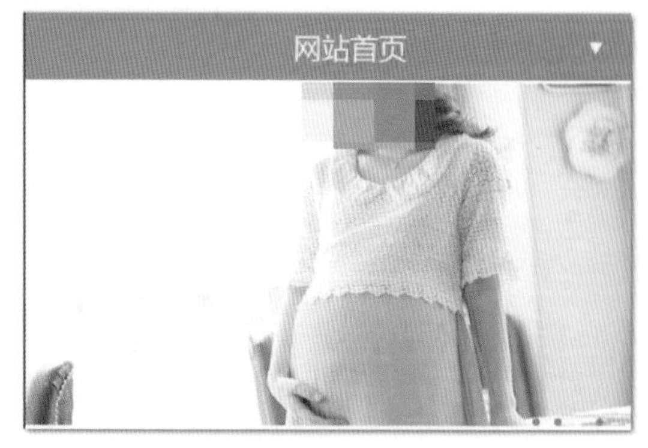

图 4－8　banner 效果图(2)

图 4－9　banner 效果图(3)

图4-10　图　层

前两个版块已经做好，接下来完成版心的内容部分。设计3个版块，主要是推荐各种服装，让访客一看到推荐就想进入进行详细了解。这3个版块分别命名为“时尚女装”“潮牌男装”“孕妇装”。

⑦ 准备好相关的素材，再配合相关的文案做好图片。图片的宽度为260像素，高度为310像素，文案的文字大小为18像素。

⑧ 图片做好后，进行相关布局排版，如图4-11所示：新建版块“时尚女装”由两个橱窗组成，每个橱窗大小为260像素×310像素，左右间距为40像素，文字大小为18像素。

⑨ 创建一个详情单击的跳转按钮，用来提示访客该推荐版块还有其他信息。新建矩形，设置其宽为86像素，高为40像素，颜色为橙色；再新建一个文本图层，输入“MORE>>”，设置颜色为白色，如图4-12所示。

图4-11　新建版块“时尚女装”

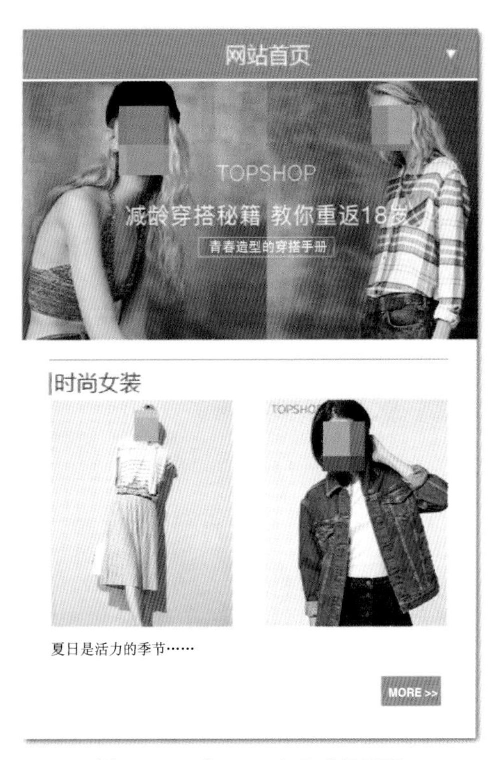

图4-12　“MORE>>”效果图

⑩ 接下来用同样的方法新增两个版块："潮牌男装""孕妇装"，如图 4－13 所示。

⑪ 再制作一个推送版块，其中包括联系方式、二维码扫描、各平台分享链接等，如图 4－14 所示。

⑫ 上述 4 个版块做好后，还需要做一个底部版权信息版块，里面的内容包括：公司版权、授权时间、版权所有等。最终排版效果图如图 4－15 所示。

整个首页的最终效果图如图 4－16 所示。

⑬ 其他菜单命令的页面制作方法和首页相似，也是先选取素材进行图片编辑并配上相关的文案，然后排版配色即可。

商品详情页面如图 4－17 所示。

图 4－13 "潮牌男装""孕妇装"版块的效果图

图 4-14　推送版块效果图

图 4-15　版权信息版块效果图

图 4－16　整个首页的最终效果图

图 4-17　商品详情页面

【本章习题】

根据本章提供的原型交互图自行设计一个手机网站，主题自选，比如服装、鞋子、手机、数码家电等。

制作要求：

① 设计 4 个菜单项，并包含相应内容；

② 设计两个产品的详情跳转页面；

③ 注意画布的尺寸、布局及颜色搭配。

第 5 章　App 登录界面的设计与制作

【本章目标】

① 制作一个登录界面；

② 了解登录界面制作的基本操作；

③ 了解界面设计的思想。

任务 1　登录界面 logo 的设计与制作

登录界面 logo 的设计与制作步骤如下：

① 新建文件。选择“文件”→“新建”命令，或按 Ctrl＋N 组合键，打开“新建”对话框，如图 5－1 所示。

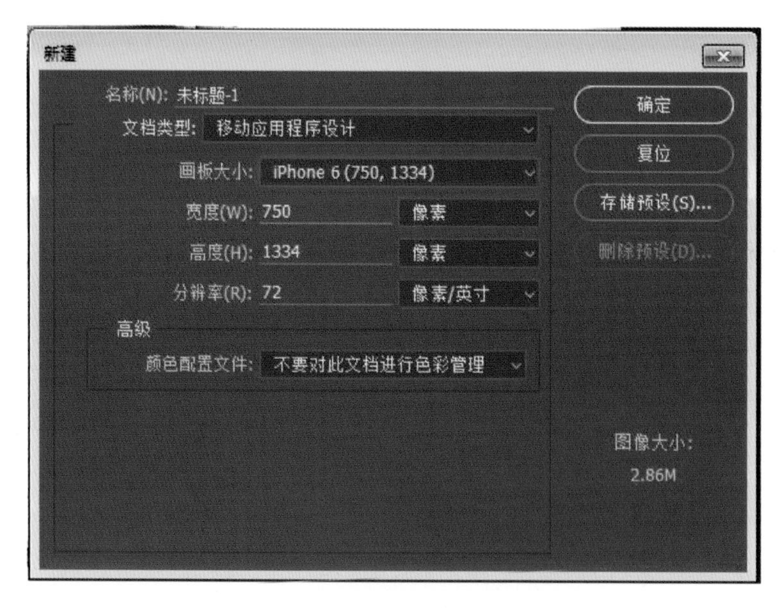

图 5－1　“新建”对话框(登录界面 logo)

② 在“名称”文本框中输入文件名称，“文件类型”设置为“移动应用程序设计”，“画板大小”选择“iPhone 6(750，1334)”，“分辨率”设置为 72，单击“确定”按钮，即可创建一个空白文件，如图 5－2 所示。

③ logo 制作。在工具栏中选择“圆角矩形工具”绘制圆角矩形，如图 5－3 所示。

④ 在任意地方画一个任意大小的圆角矩形，然后选择“窗口”→“属性”命令，打开“属性”面板，然后设置 W 为“156 像素”，H 为“58 像素”，圆角半径为“6 像素”，颜色填充值为＃f3383a，如图 5－4 所示。

⑤ 按 Ctrl＋J 组合键复制图层，单击眼睛图标将其隐藏，留到后面备用，如图 5－5 所示。

双击“圆角矩形”图层，打开“图层样式”对话框。

图5-2　空白文件

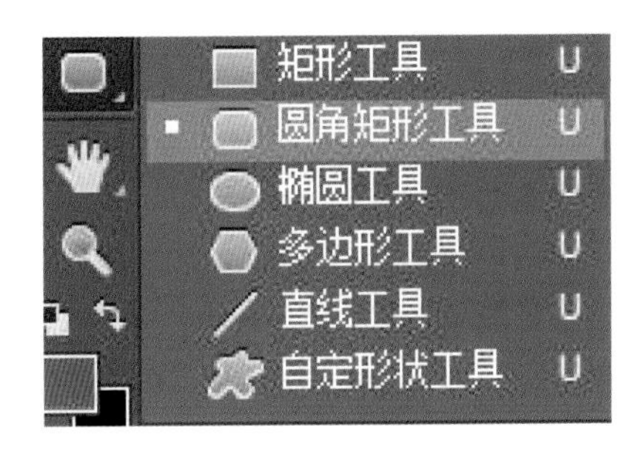

图5-3　选择“圆角矩形工具”

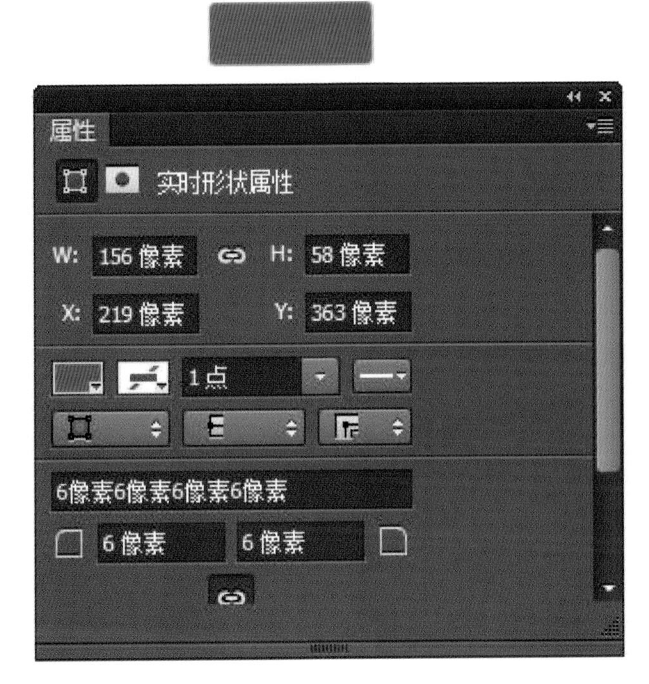

图5-4　设置圆角矩形的属性

图5-5　复制图层

⑥ 在“图层样式”对话框中选中“渐变叠加”复选框，相应参数设置如图5-6所示。

⑦ 单击渐变颜色条，打开“渐变编辑器”对话框，如图5-7所示。

⑧ 双击渐变颜色条左下角的矩形，处于单击状态时上方的三角形为黑色，打开“拾色器(色标颜色)”对话框，设置颜色值为#f3383a(见图5-8)，单击“确定”按钮。然后双击右下角

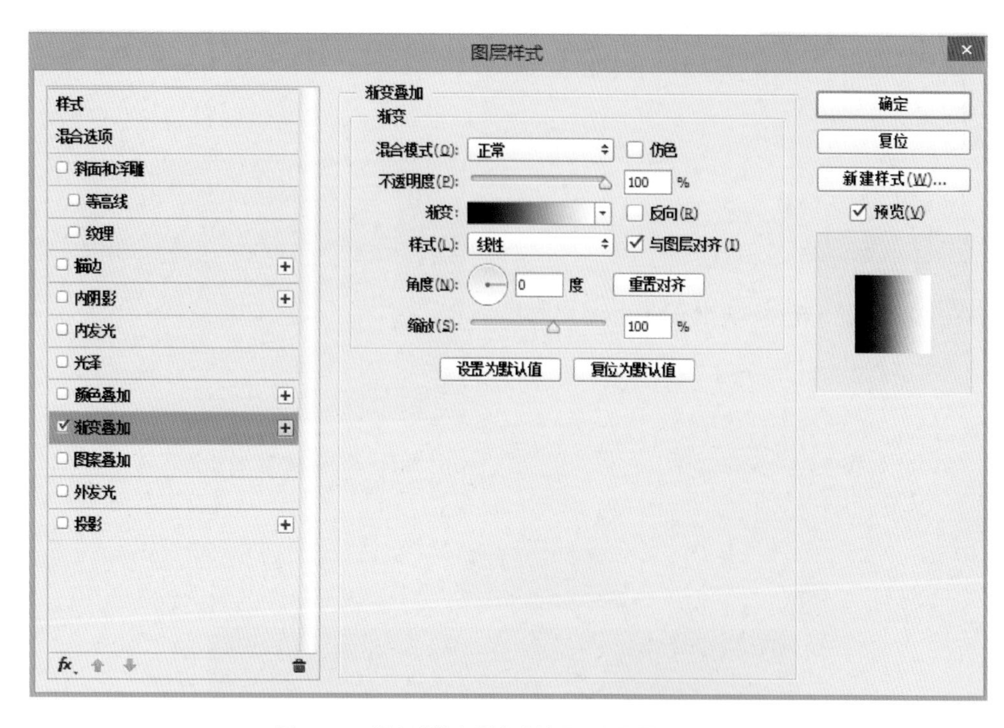

图 5-6　添加“渐变叠加”效果(登录界面 logo)

图 5-7　“渐变编辑器”对话框(登录界面 logo)

的矩形，打开“拾色器(色标颜色)”对话框，设置颜色值为＃981616(见图 5－9)，单击“确定”按钮，返回“渐变编辑器”对话框，如图 5－10 所示。

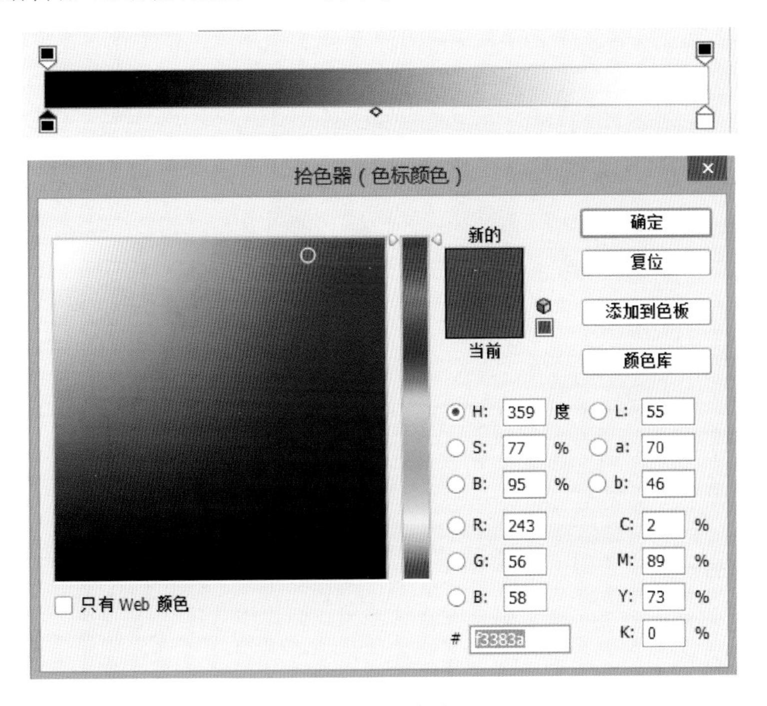

图 5－8　调整颜色(1)

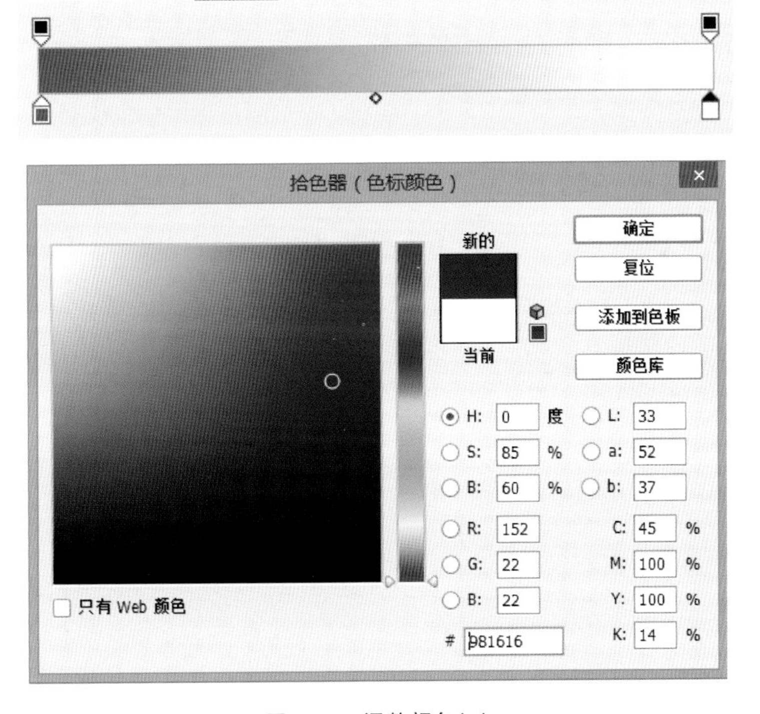

图 5－9　调整颜色(2)

⑨ 在“渐变编辑器”对话框中单击“确定”按钮，返回“图层样式”对话框。在该对话框中设置“混合模式”为“正常”，“不透明度”为 100%，“样式”为“线性”，选中“与图层对齐”复选框，设置“角度”为 0，“缩放”为 100%，然后单击“确定”按钮，如图 5－11 所示。得到的颜色效果图如图 5－12 所示。

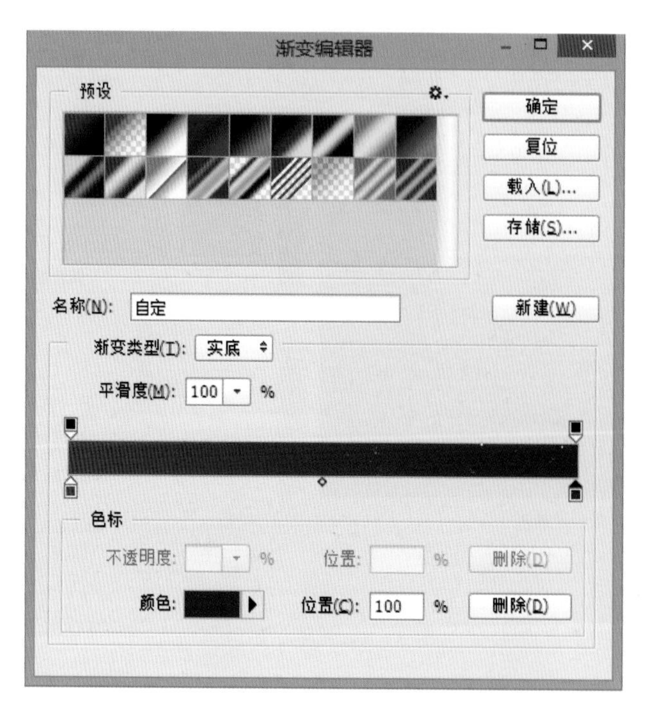

图 5－10　调整颜色后的“渐变编辑器”对话框

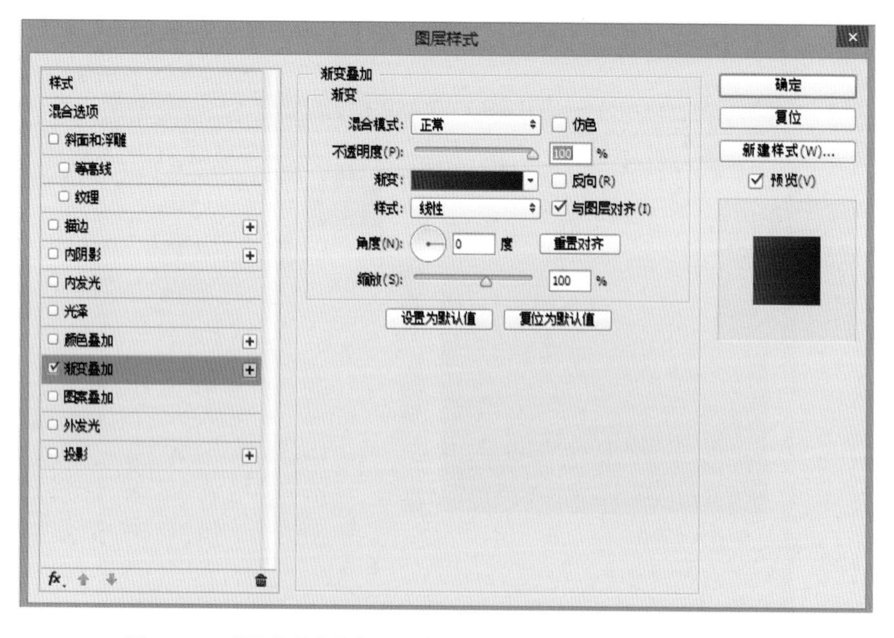

图 5－11　“渐变叠加”选项组中相应参数的设置(登录界面 logo)

图 5－12 颜色效果图

⑩ 按 Ctrl＋T 组合键，将角度调为 45°，如图 5－13 所示。

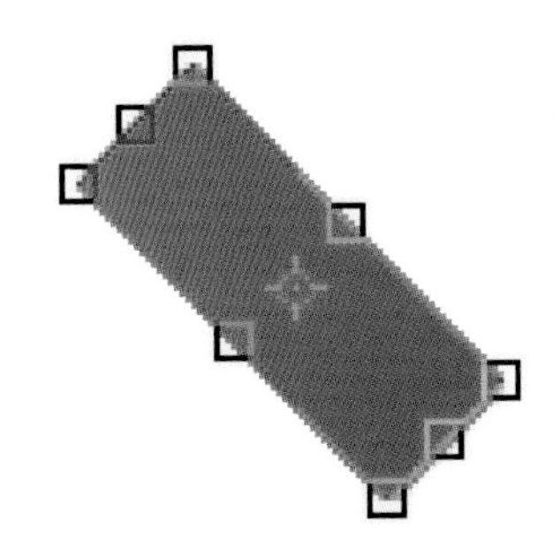

图 5－13 旋转效果图

⑪ 恢复第⑤步复制的圆角矩形，并将复制的圆角矩形的左下方圆角与第⑩步调整角度后的圆角矩形的右下方圆角重合，如图 5－14 所示。

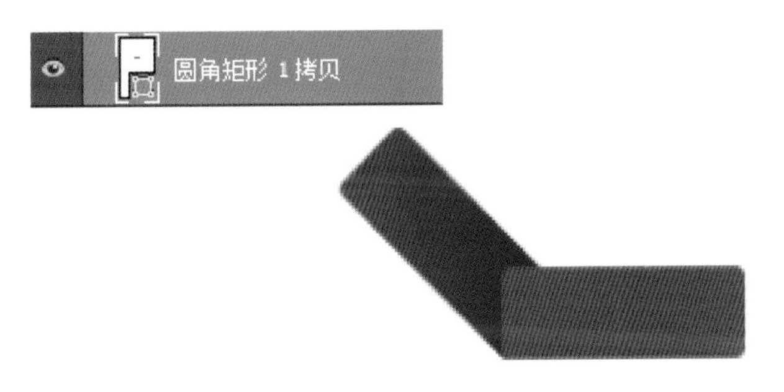

图 5－14 重合效果图

⑫ 把 W 改为“260 像素”，如图 5－15 所示。

图 5－15 调整 W 值后的效果图

⑬ 按 Ctrl+T 组合键，将中间的轴心点移至左下角，并将角度值改为－45°，如图 5－16 所示。

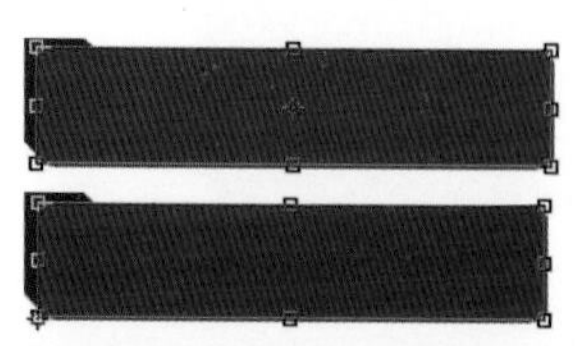

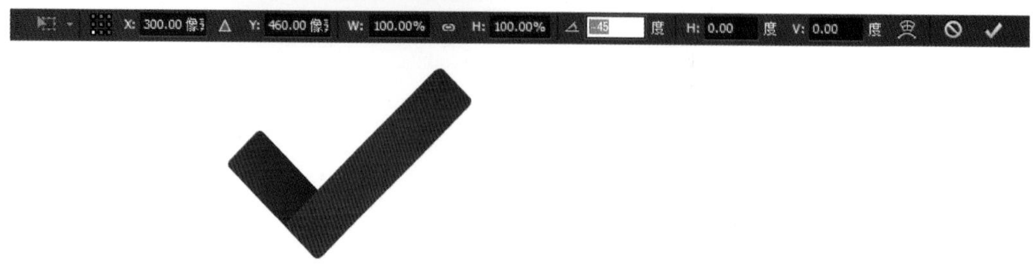

图 5－16　操作过程与效果图

⑭ 将 logo 移至画布居中偏上位置，至此 logo 制作完成，如图 5－17 所示。

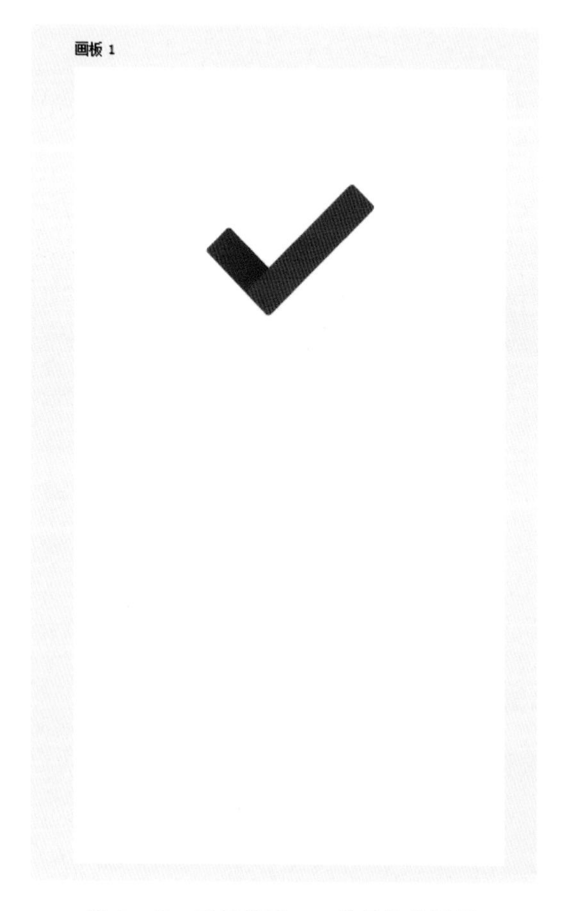

图 5－17　登录界面 logo 的最终效果图

任务 2　登录界面布局与按钮的设计与制作

登录界面布局与按钮设计与制作的步骤如下：

① 在工具栏中选择“直线工具”，按住 Shift 键画一条直线，设置 W 为“600 像素”，H 为“1 像素”，填充黑色，如图 5－18 所示。

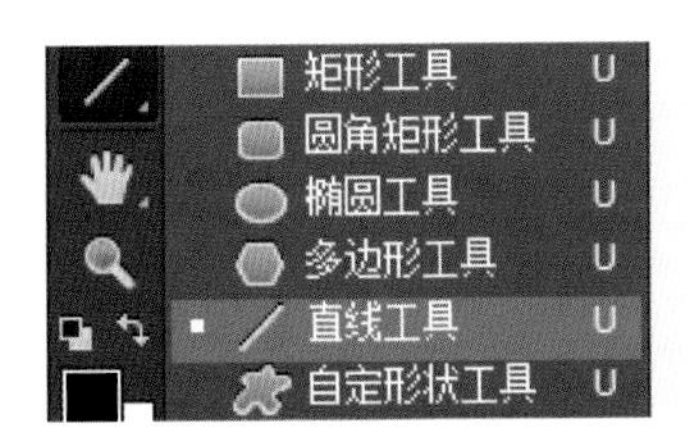

图 5－18　绘制黑色直线

② 单击直线所在图层，将“不透明度”改为“10％”，如图 5－19 所示。

图 5－19　设置不透明度

③ 选中直线所在图层，将鼠标移至画布里，按住 Alt＋Shift 组合键并单击，向下平移 160 个像素，如图 5－20 所示。

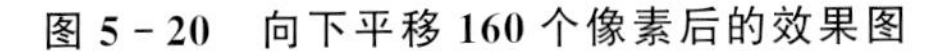

图 5－20　向下平移 160 个像素后的效果图

④ 在工具栏中选择“文字工具”，或按 T 键，输入“用户名”，字体为“微软雅黑 Light”，字体大小为“20 像素”，填充黑色，“不透明度”改为“50％”。完成后按住 Shift 键拖动文字与

图 5－20 中的第一条直线平行对齐并向上移 100 个像素，如图 5－21 所示。

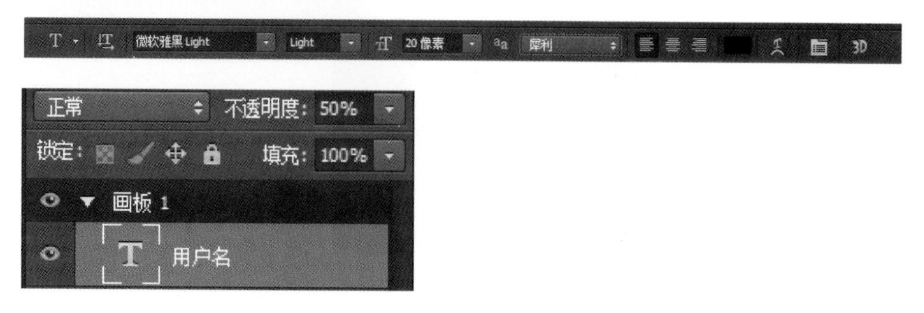

图 5－21 创建用户名

⑤ 按住 Alt＋Shift 组合键复制文字并向下平移 46 个像素，“不透明度”改为“100％”，并输入任意账号，如图 5－22 所示。

图 5－22 设置用户名

⑥ 同时选中两个文字图层，按住 Alt＋Shift 组合键复制文字并向下平移，与上方文字对齐，将“用户名”改为“密码”，账号内容改为“ *******”，如图 5－23 所示。

⑦ 按住 Alt＋Shift 组合键复制“ *******”并向右平移至与直线右对齐，将“不透明度”改为“50％”，“ * * * * * * * ”改为“忘记密码”，如图 5－24 所示。

⑧ 登录按钮的制作。在工具栏中选择“矩形工具”，在任意位置画一个任意大小的矩形，在属性栏中调整大小，W 为“564 像素”，H 为“110 像素”，X 为“95 像素”，Y 为“1093 像素”，颜色填充值为＃f3383a，得到的效果图如图 5－25 所示。

用户名

abcd123456789@163.com

用户名

abcd123456789@163.com

用户名

abcd123456789@163.com

密码

****

图 5－23　添加“密码”的操作过程与效果图

用户名

abcd123456789@163.com

密码

****************　忘记密码

图 5－24　添加“忘记密码”

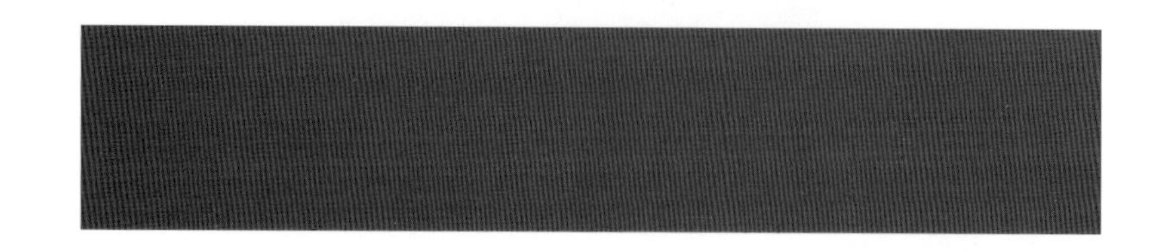

图 5-25　创建的矩形

⑨ 在工具栏中选择“字符工具”，或按 T 键，输入“登录”，字体为“微软雅黑 Light”，字体大小为“30 像素”，颜色填充为白色。同时选中字体和矩形按钮所在图层，然后选择垂直居中和水平居中对齐，如图 5-26 所示。

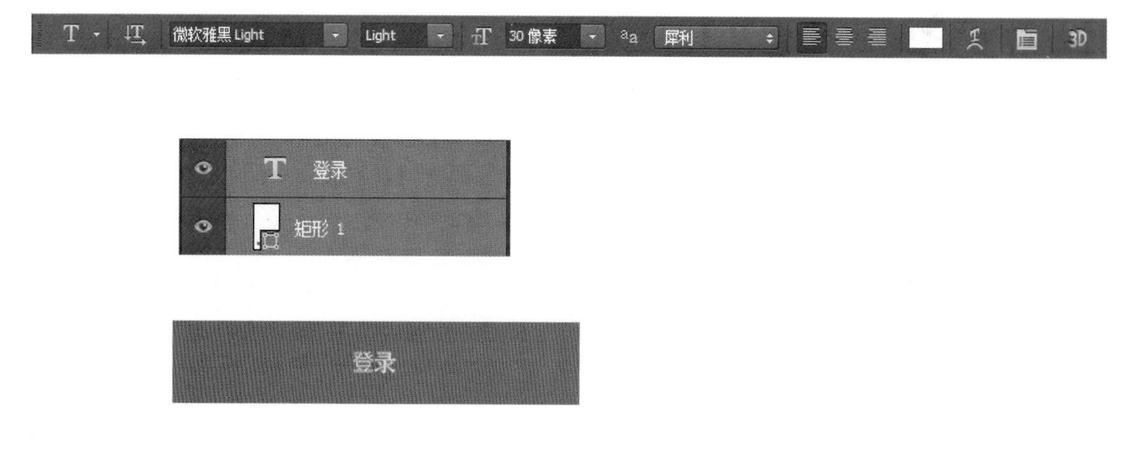

图 5-26　设置文字

⑩ 在工具栏中选择“字符工具”，或按 T 键，输入“没有账号?”，字体为“微软雅黑 Light”，字体大小为“20 像素”，颜色填充为黑色，“不透明度”为“50%”；复制“没有账号?”并向右平移，改为“注册”，“不透明度”改为“100%”，同时选中两个文字所在图层与上方“登录”按钮居中对齐，并放于“登录”按钮的下方，如图 5-27 所示。

至此，整个登录界面完成，如图 5-28 所示。

图 5－27　创建“注册”的过程与效果图

图 5-28　登录界面布局与按钮的最终效果图

【本章习题】

自主设计一个登录界面。

第 6 章　App 内容界面的设计与制作

【本章目标】

① 设计一个 iOS 系统的 App 专栏界面；

② 实现基本的手机界面的图标显示，例如运营商、电量等；

③ 将界面相互切换的过程体现到该设计界面中；

④ 设计该界面特有的功能图标；

⑤ 讲究总体色彩的搭配。

任务 1　UI 布局与基础背景的设置

UI 布局与基础背景设置的步骤如下：

① 新建文件。选择“文件”→“新建”命令，或按 Ctrl+N 组合键，打开“新建”对话框，在“名称”文本框中输入文件名称，设置“文档类型”为“移动应用程序设计”，“画板大小”选择“iPhone 6(750，1334)”，“分辨率”设置为 72，单击“确定”按钮，即可创建一个空白文件，如图 6-1 所示。

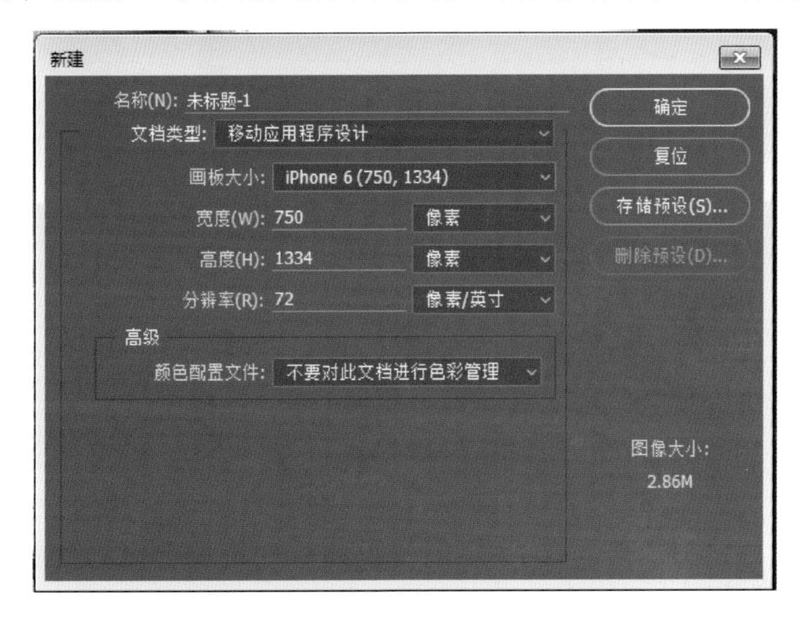

图 6-1　新建文件

② 使用新建参考线工具。选择“视图”→“新建参考线”命令，或按 Alt+V+E 组合键打开“新建参考线”对话框，如图 6-2 所示。

③ 创建 3 根水平值分别为 40、128、1 236 的参考线，再创建 2 根垂直值分别为 24、726 的参考线，如图 6-3 所示。如果要删除所有的参考线，可选择“视图”→“清除参考线”命令，或按 Alt+V+D 组合键清除参考线。

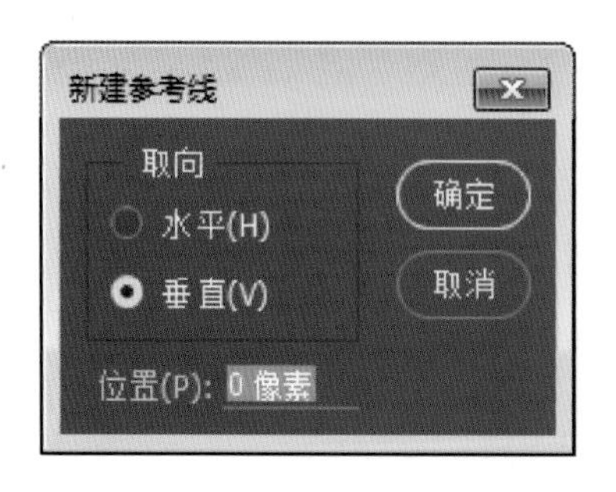

图 6-2 “新建参考线”对话框

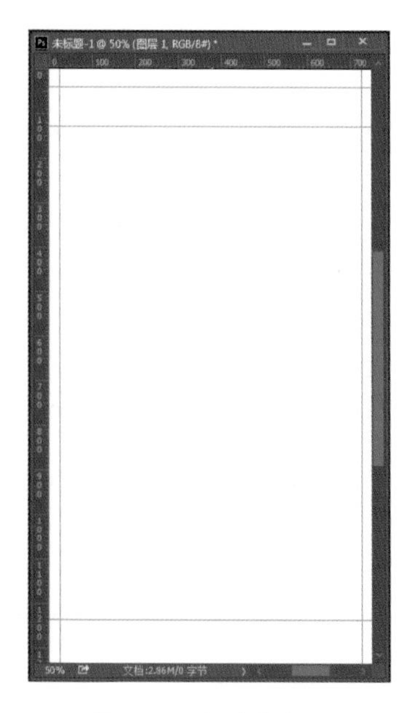

图 6-3 创建参考线

④ 界面状态栏、导航栏和标签栏布局。在工具栏中选择“矩形工具”，如图 6-4 所示。

图 6-4 选择“矩形工具”

⑤ 从上到下沿参考线绘制状态栏、导航栏和标签栏，如图 6-5 所示。

⑥ 界面白色内容区域布局。在工具栏中选择“椭圆工具”，如图 6-6 所示。

图 6-5 绘制状态栏、导航栏和标签栏

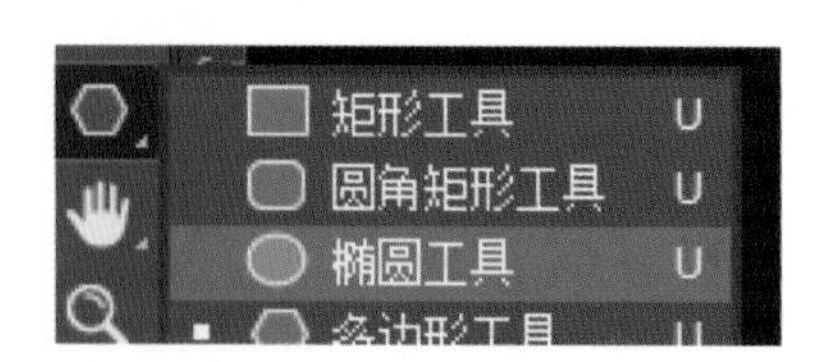

图 6-6 选择“椭圆工具”

⑦ 按住 Shift 键绘制正圆，将 W 和 H 设置为“124 像素”，X 设置为“24 像素”，Y 设置为“148 像素”，如图 6－7 所示。得到的效果图如图 6－8 所示。

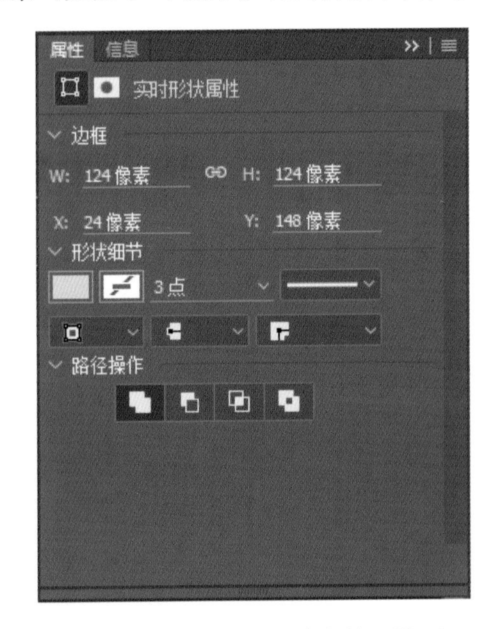

图 6－7 “属性”面板中参数的设置(1)

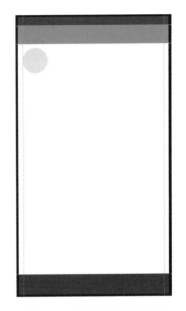

图 6－8 绘制正圆的效果图

⑧ 复制圆形进行布局。选中“圆 1”图层，按 Ctrl＋J 组合键复制，如图 6－9 所示。

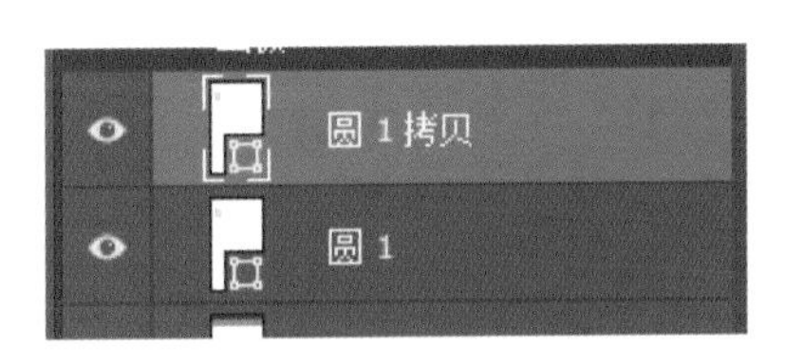

图 6－9 复制“圆 1”图层

⑨ 按 Ctrl＋T 组合键，移动复制的图层，设置 Y 为“297 像素”，如图 6－10 所示。效果如图 6－11 所示。

⑩ 按 Ctrl＋Shift＋Alt＋T 组合键进行变换和复制，如图 6－12 所示。

⑪ 分割线布局。使用矩形工具绘制矩形，如果 6－13 所示。

⑫ 设置 W 为“750 像素”，H 为“1 像素”，X 为“0 像素”，Y 为“284 像素”，如图 6－14 所示。

⑬ 在“拾色器(前景色)”对话框中设置色值为＃c9caca，如图 6－15 所示。

⑭ 按住 Alt＋Delete 组合键填充前景色，改变分割线颜色。然后按 Ctrl＋J 组合键复制分割线，设置 Y 为“433 像素”，如图 6－16 所示。

⑮ 最后按 Ctrl＋Shift＋Alt＋T 组合键进行变换和复制，如图 6－17 所示。

⑯ 添加颜色。选中“状态栏”“导航栏”图层，在拾色器中设置颜色为＃f3393a，按 Alt＋Delete 组合键填充“状态栏”和“导航栏”。选中“标签栏”图层，在拾色器中设置颜色为＃ebebeb，按 Alt＋Delete 组合键填充，如图 6－18 所示。

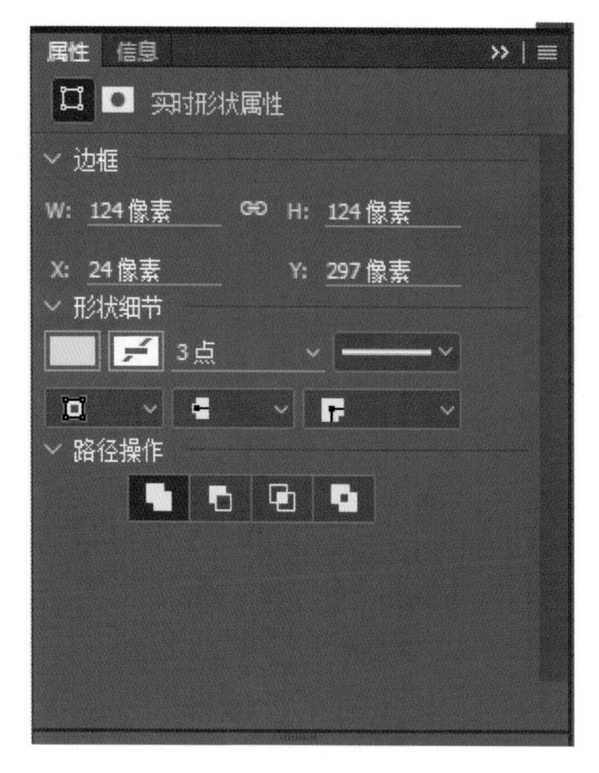

图 6－10 “属性”面板中参数的设置(2)

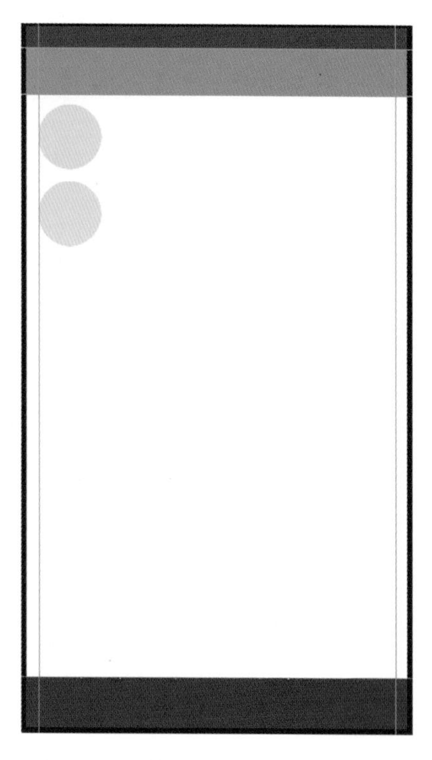

图 6－11 复制“圆 1”图层后的效果

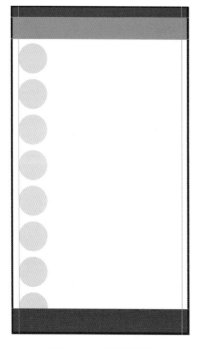

图 6－12 复制图形

图 6－13 绘制矩形(分割线布局)

图 6－14　“属性”面板中参数的设置(3)

图 6－15　设置色值为＃c9caca

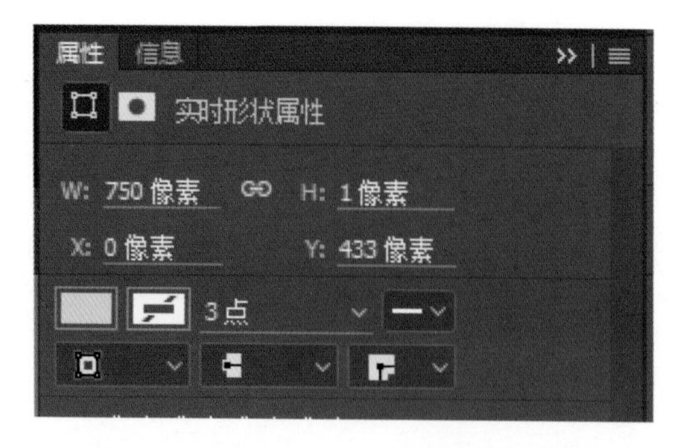

图 6-16 "属性"面板中参数的设置(4)

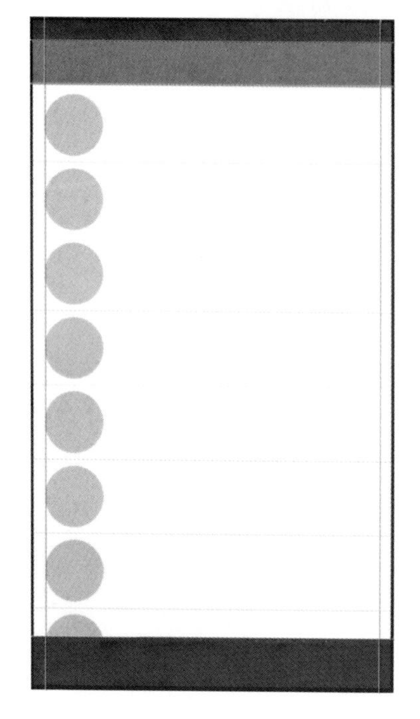

图 6-17 变换复制

图 6-18 UI 布局与基础背景的效果图

任务 2 UI 设计与图标 logo 的制作

UI 设计与图标 logo 的制作步骤如下：

① 标签栏功能性图标绘制。

第一步，首页图标绘制，使用"多边形工具"绘制三角形，如图 6-19 所示。

第二步，利用 Ctrl+T 组合键调整三角形，如图 6-20 所示。

第三步，绘制矩形，如图 6-21 所示。

第四步，再绘制一个矩形，如图 6-22 所示。

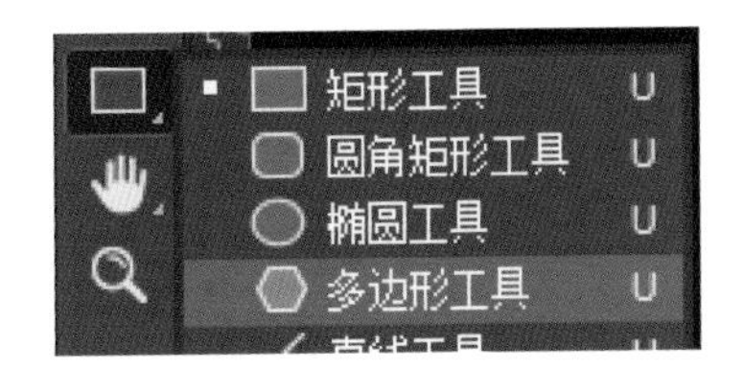

图6-19 绘制三角形(绘制首页图标)

图6-20 调整三角形形状

图6-21 绘制矩形(1)

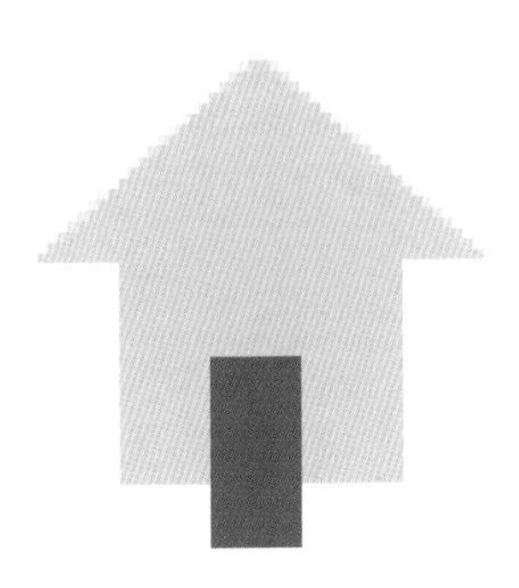

图6-22 绘制矩形(2)

第五步,利用Ctrl+E组合键合并两个矩形所在的图层,如图6-23所示。

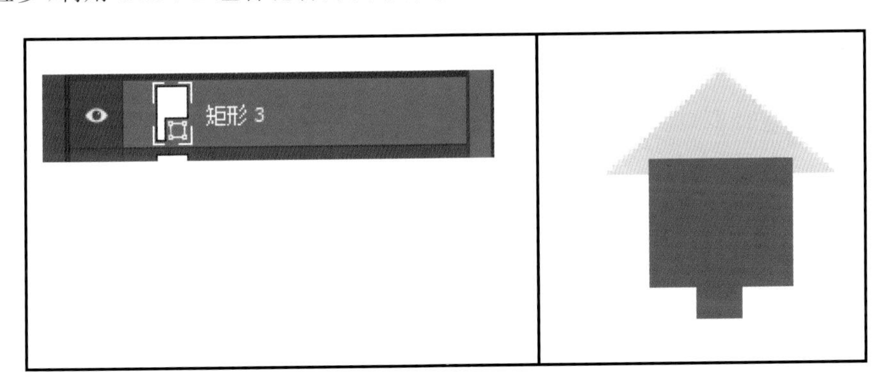

图6-23 合并两个矩形所在的图层

第六步,使用路径选择工具选择顶层形状,如图6-24所示。

第七步,在形状工具属性栏中找到布尔运算,然后选择"减去顶层形状",如图6-25所示。

第八步,消息图标绘制。使用椭圆工具绘制一个椭圆,如图6-26所示。

第九步,使用多边形工具绘制一个三角形,按Ctrl+T组合键旋转三角形,如图6-27所示。

第十步,合并椭圆和三角形所在的图层,如图6-28所示。

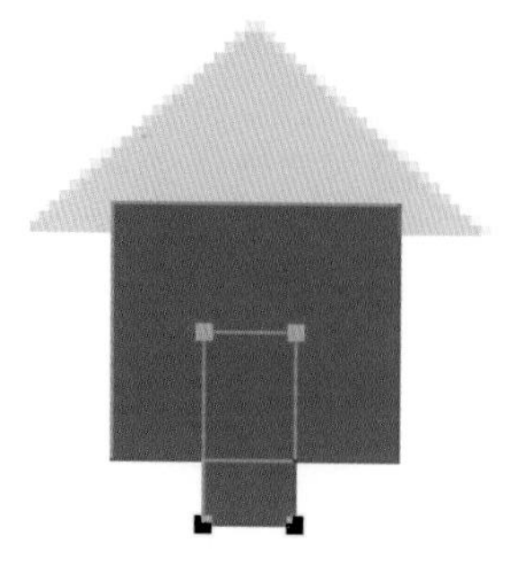

图 6-24 路径选择

图 6-25 减去顶层形状后的效果

图 6-26 绘制一个椭圆

图 6-27 绘制三角形并旋转后的效果

② 绘制个人中心图标。

第一步，使用椭圆工具，按住 Shift 键，绘制 3 个圆，如图 6-29 所示。

图 6-28 合并椭圆和三角形所在的图层

图 6-29 绘制 3 个圆

第二步，选中浅灰色的圆和下方的大圆，按住 Ctrl+E 组合键合并图层，如图 6-30 所示。

第三步，使用路径选择工具选择顶层形状，如图 6-31 所示。

第四步，在形状工具属性栏中找到布尔运算，选择“减去顶层形状”，如图6-32所示。

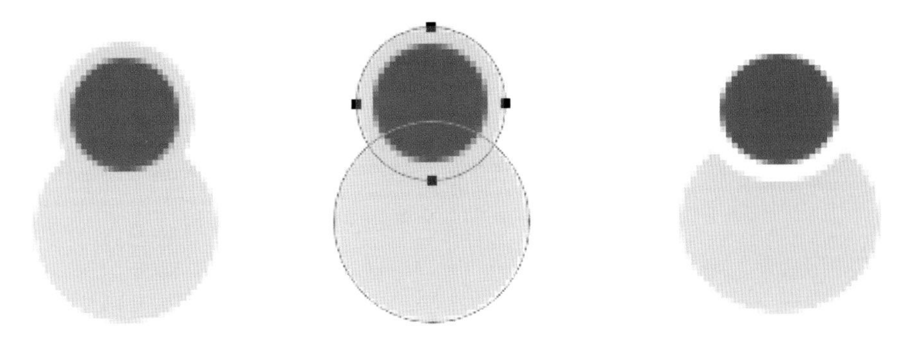

图6-30　合并图层后的效果　　图6-31　选择顶层形状　　图6-32　布尔运算后的效果(1)

第五步，选择“合并形状组件”，得到的效果图如图6-33所示。

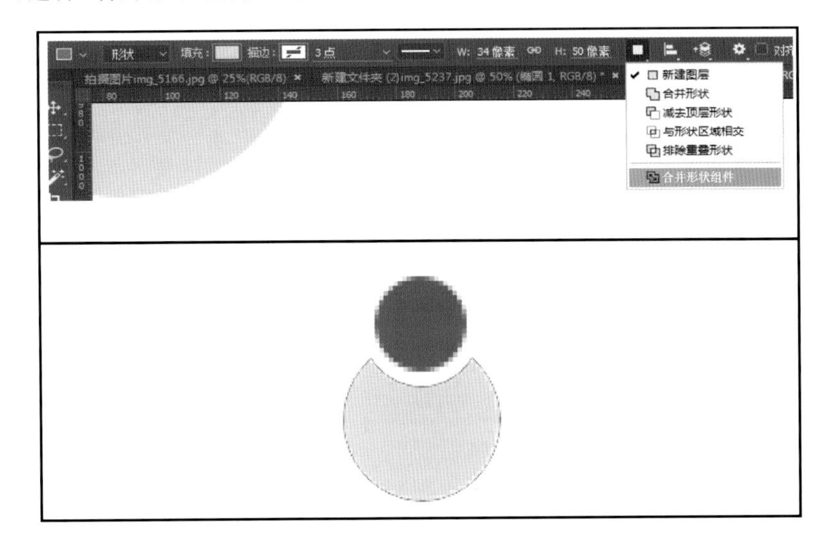

图6-33　合并形状组件后的效果图

第六步，再绘制一个矩形，如图6-34所示。

第七步，采用前面使用的“减去顶层形状”布尔运算，如图6-35所示。

第八步，调整颜色，得到的最终效果图如图6-36所示。

图6-34　绘制矩形(3)　　图6-35　布尔运算后的结果(2)　　图6-36　个人中心图标的最终效果

③ 将所绘制的图标布局在标签栏中,如图 6 - 37 所示。

图 6 - 37　添加图标到标签栏

④ 导航栏功能性图标绘制。

第一步,绘制菜单图标。使用矩形工具绘制 3 个相同的矩形(见图 6 - 38),相应参数的设置如图 6 - 39 所示。

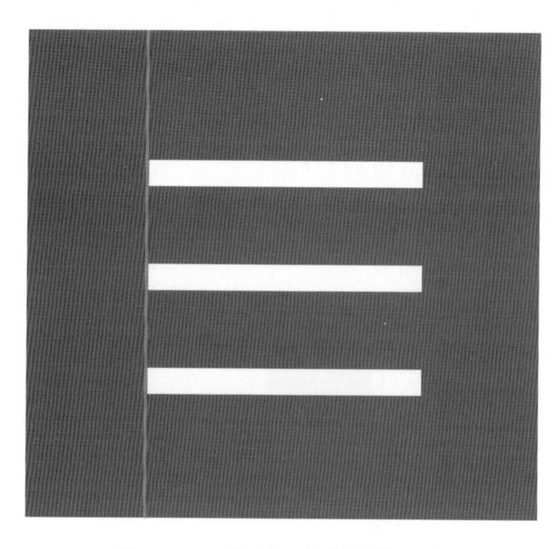

图 6 - 38　绘制 3 个相同的矩形

图 6－39　矩形相应参数的设置

第二步，绘制搜索图标。使用椭圆工具，按住 Shift 键，绘制两个圆，如图 6－40 所示。大圆参数的设置如图 6－41 所示，小圆参数的设置如图 6－42 所示。利用 Ctrl＋E 组合键合并两个圆所在的图层，使用路径选择工具选择顶层形状，然后执行布尔运算中的减去顶层形状运算，如图 6－43 所示。使用矩形工具绘制一个矩形，如图 6－44 所示。使用 Ctrl＋T 组合键将矩形旋转 45°，如图 6－45 所示。

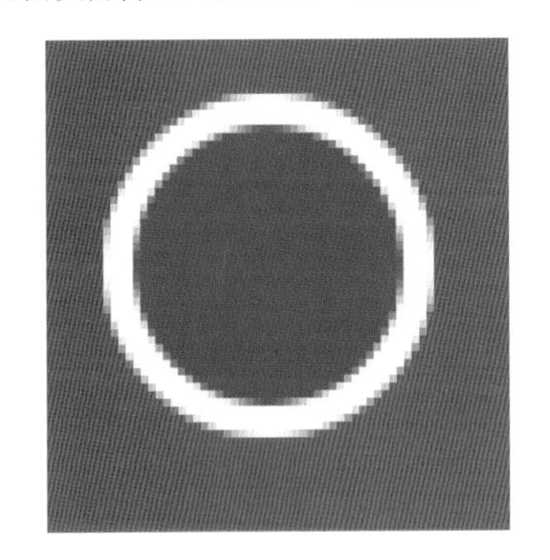

图 6－40　绘制两个圆

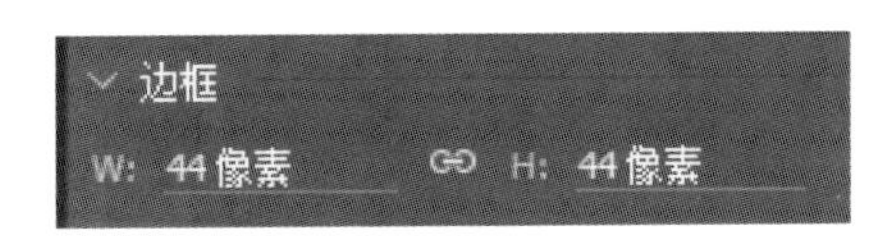

图 6－41　大圆参数的设置

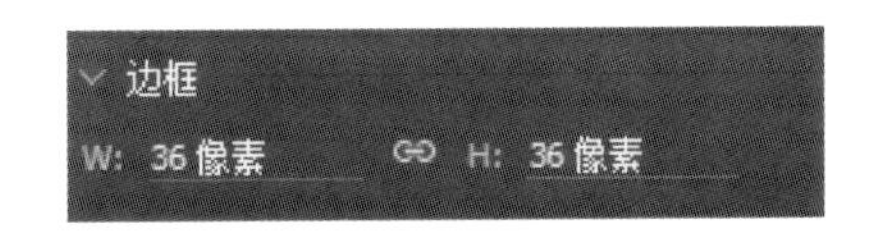

图 6－42　小圆参数的设置

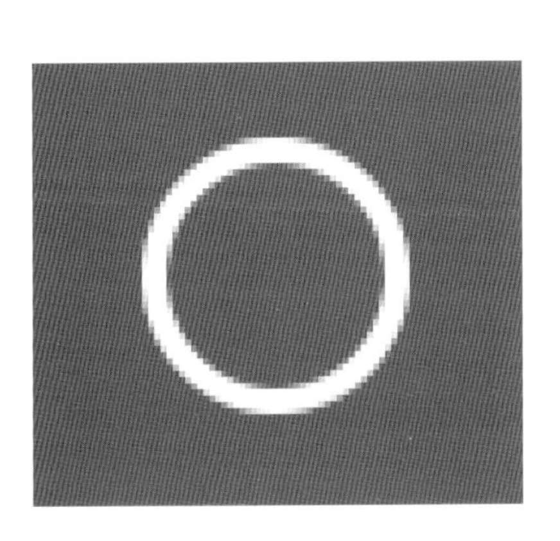

图 6－43　布尔运算后的效果(3)

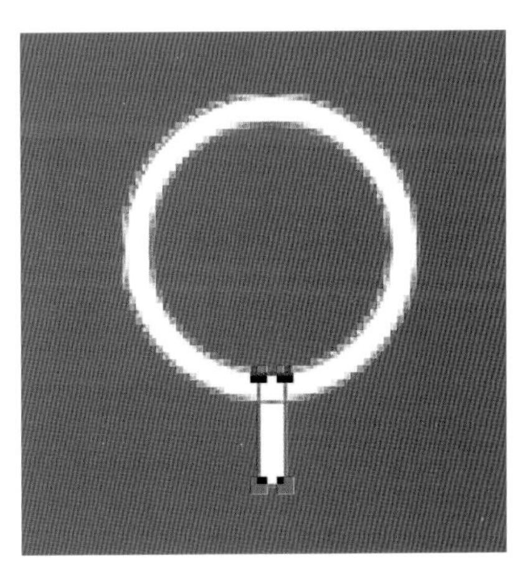

图 6－44　绘制矩形(4)

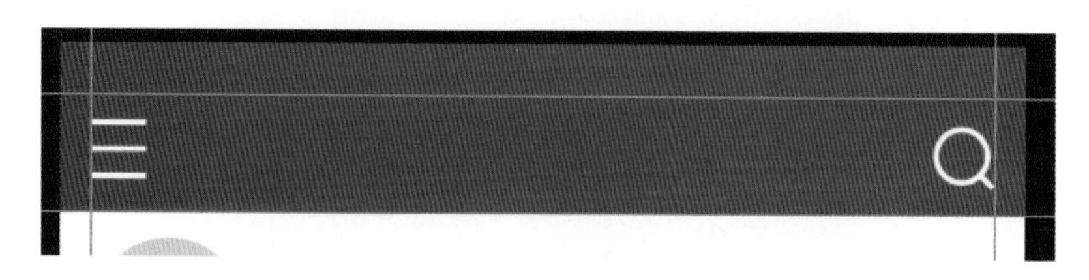

图 6-45 旋转图形

⑤ 导航栏标题。

使用文字工具或按 T 键，选用“微软雅黑 Regular”，如图 6-46 所示；字号选择“34 点”，如图 6-47 所示。输入“首页”，导航栏标题的最终效果图如图 6-48 所示。

图 6-46 设置字体

图 6-47 设置字号

图 6-48 导航栏标题的最终效果图

任务 3 添加内容区的效果

添加内容区效果的步骤如下：

① 在圆形中添加图片。按 Ctrl+O 组合键打开头像图片，选择头像图片和相应的圆形，使用 Ctrl+Alt+G 组合键剪贴蒙版，将图片剪贴进圆形中，如图 6-49 所示。使用该方式将所有图片剪贴进圆形，如图 6-50 所示。

图 6-49 通过剪贴蒙版添加图片

图 6－50　添加所有图片

② 添加文字。使用文字工具，选择 24 号和 20 号微软雅黑字体，然后添加文字，如图 6－51 所示。

③ 添加状态图标。因为状态图标是系统自带的，所以将事先准备好的图标添加上去，看看最终效果即可，如图 6－52 所示。

④ 简单的页面交互。使用矩形工具绘制一个矩形，填充为主色，再用文字工具选择 28 号微软雅黑字体输入“删除”，如图 6－53 所示。

至此，所有操作完成，最终效果图如图 6－54 所示。

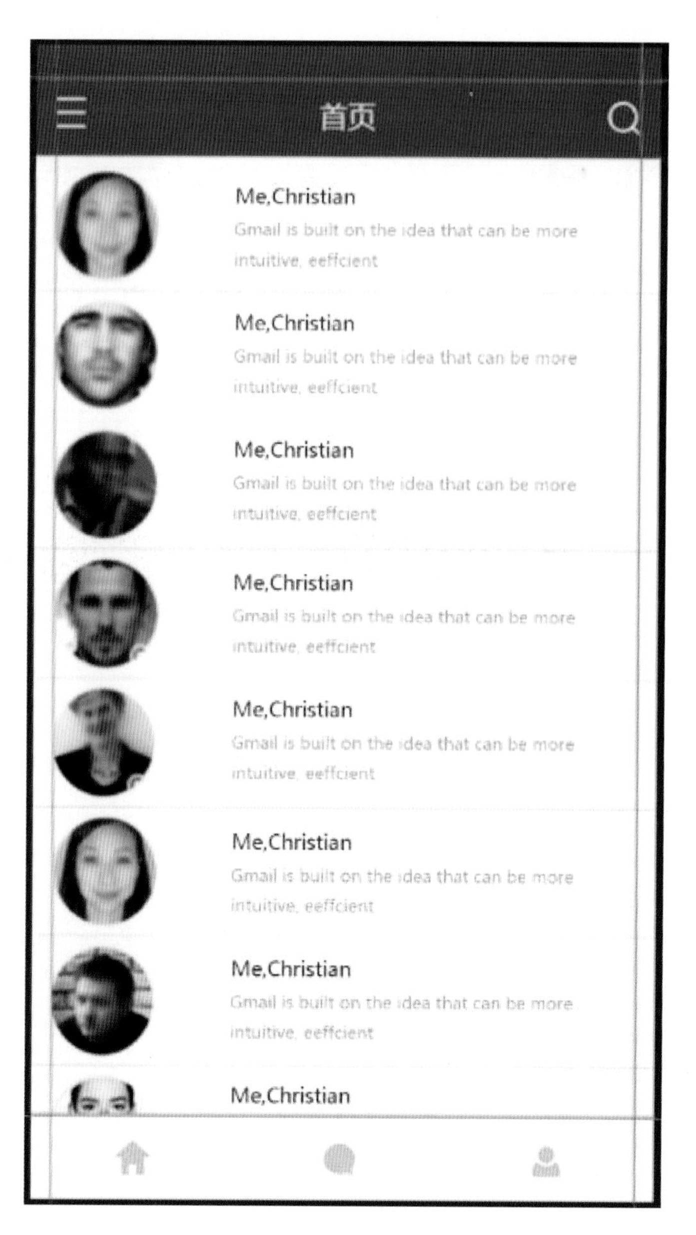
首页
Me,Christian
Gmail is built on the idea that can be more
intuitive, eeffcient
Me,Christian
Gmail is built on the idea that can be more
intuitive, eeffcient
Me,Christian
Gmail is built on the idea that can be more
intuitive, eeffcient
Me,Christian
Gmail is built on the idea that can be more
intuitive, eeffcient
Me,Christian
Gmail is built on the idea that can be more
intuitive, eeffcient
Me,Christian
Gmail is built on the idea that can be more
intuitive, eeffcient
Me,Christian
Gmail is built on the idea that can be more
intuitive, eeffcient
Me,Christian

图 6-51　添加文字

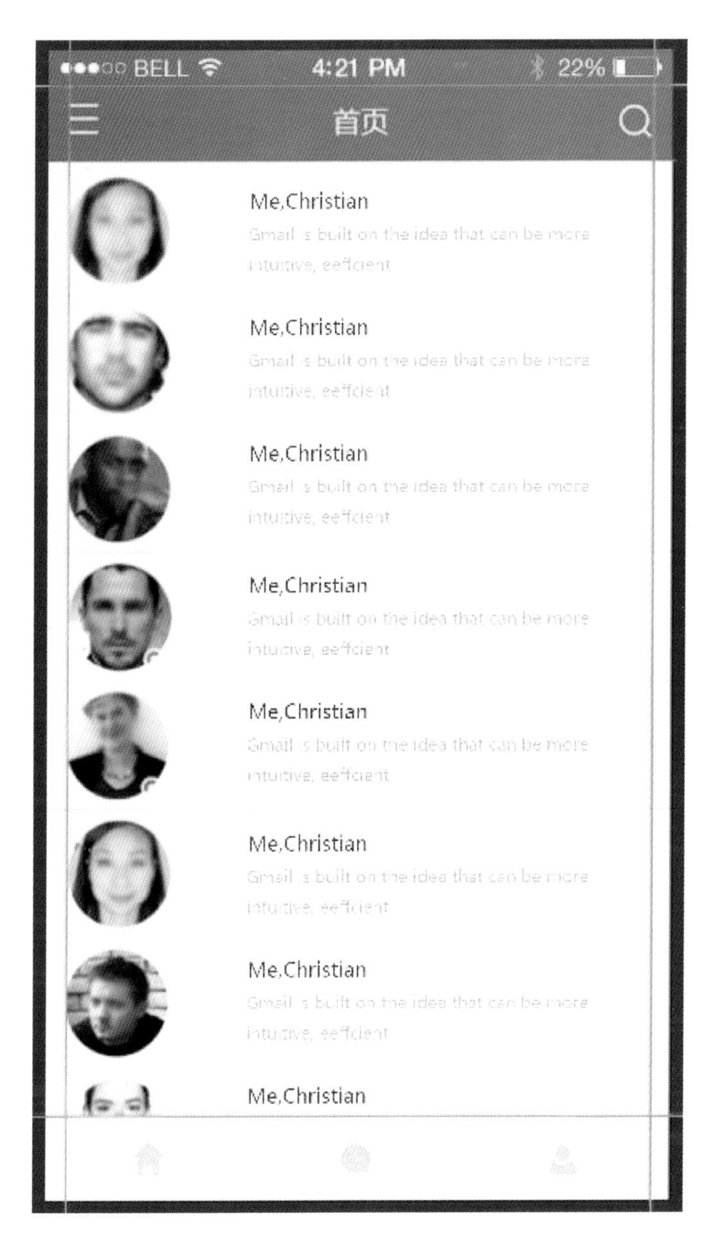
BELL
4:21 PM
22%
首页
Me,Christian
Gmail is built on the idea that can be more
intuitive, eeffcient
Me,Christian
Gmail is built on the idea that can be more
intuitive, eeffcient
Me,Christian
Gmail is built on the idea that can be more
intuitive, eeffcient
Me,Christian
Gmail is built on the idea that can be more
intuitive, eeffcient
Me,Christian
Gmail is built on the idea that can be more
intuitive, eeffcient
Me,Christian
Gmail is built on the idea that can be more
intuitive, eeffcient
Me,Christian
Gmail is built on the idea that can be more
intuitive, eeffcient
Me,Christian

图 6-52　添加状态图标

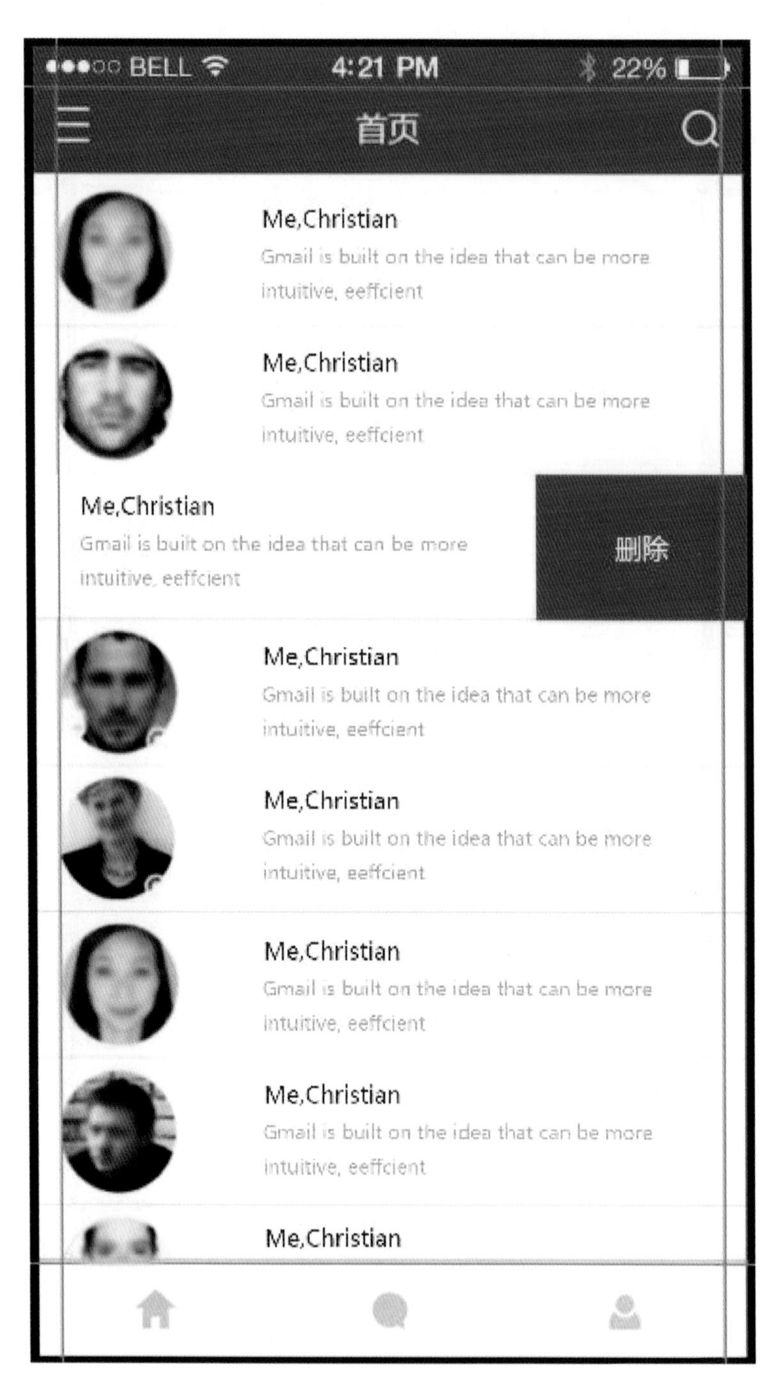
●●●○○ BELL
4:21 PM
22%
首页
Me,Christian
Gmail is built on the idea that can be more
intuitive, eeffcient
Me,Christian
Gmail is built on the idea that can be more
intuitive, eeffcient
Me,Christian
Gmail is built on the idea that can be more
intuitive, eeffcient
删除
Me,Christian
Gmail is built on the idea that can be more
intuitive, eeffcient
Me,Christian
Gmail is built on the idea that can be more
intuitive, eeffcient
Me,Christian
Gmail is built on the idea that can be more
intuitive, eeffcient
Me,Christian
Gmail is built on the idea that can be more
intuitive, eeffcient
Me,Christian

图 6－53　添加“删除”文字

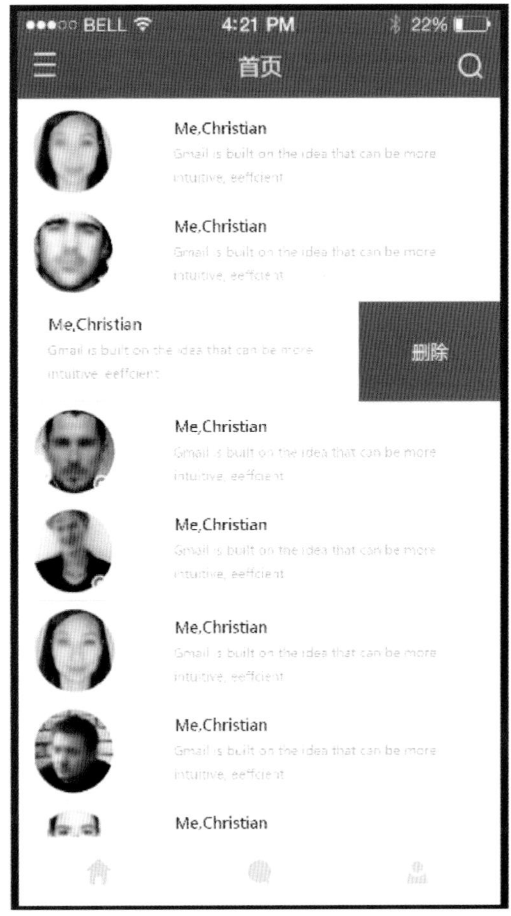

图6-54 最终效果图

【本章习题】

根据本章的设计方法，自主设计App的主内容页面。

制作要求：

① 设计4个不同的内容页面；

② 注意画布的尺寸、布局及颜色搭配。

第 7 章　知识拓展

【本章目标】

① 了解 UI 设计的发展趋势；

② 了解什么是扁平化风格；

③ 掌握 UI 设计中的引导和提示在用户交互体验中的使用方法；

④ 掌握 UI 设计中的常用辅助工具的使用方法；

⑤ 掌握搜索框如何制作。

任务 1　UI 设计的趋势

1. 唯一主色调

为什么要定义一个界面有多种颜色？仅仅用一个主色调是不是也能很好地表达界面层次、重要信息，并且能展现良好的视觉效果？事实上正是如此，随着 iOS 7 的发布，我们看到了越来越多的唯一主色调风格的设计，即采用简单的色阶、配套灰阶来展现信息层次，而非采用很多的颜色。

Readability 采用红色主色调设计，连提示信息背景色、线性按钮和图标都采用红色主色调，界面和 logo 也完全是一个色系的；Vivino 采用蓝色主色调设计，信息用深蓝、浅蓝加以区隔；Eidetic 采用橙色主色调设计，其中，关键的操作按钮甚至整个用橙色提亮，信息图标也用深橙色、浅橙色来表示不同的重要程度，如图 7－1 所示。

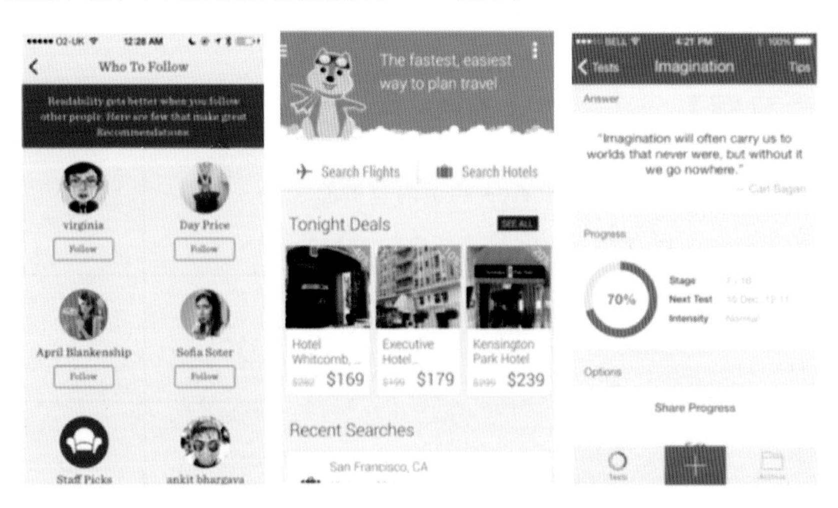

图 7－1　Readability、Vivino 和 Eidetic

可以说，唯一主色调设计手法真的做到了移动端 App 设计的最小化（minimal），减少了冗余信息的干扰，使用户更加专注于主要信息的获取。

2. 多彩色

与唯一主色调形成对照关系的就是 Metro 引领的多彩色风格，其出现了不同页面、不同信息组块采用多彩撞色的方式来设计的风格，甚至同一个界面的局部都可以采用多彩撞色的方式，也因此产生了许多优秀的设计。

优衣库的 RECIPES，是一个让人眼前一亮的设计案例，多彩色的设计风格融入整个 App 中，无论是切换标签页，还是在内容组块中的滚动，都会变更不同的主题色。色彩切换时，还会有淡入淡出的效果，让切换变得非常自然，全无生硬之感。RECIPES 的番茄钟计时器模块会一边计时一边播放美食图片及优美的背景音乐，同时切换不同的主题颜色，而且随着主题颜色的变更，所有的前景文案、图片也会变更为该色系，再加上清晰度极高的美食图片，真的是视觉+听觉的双重享受。优衣库的 RECIPES 如图 7-2 所示。

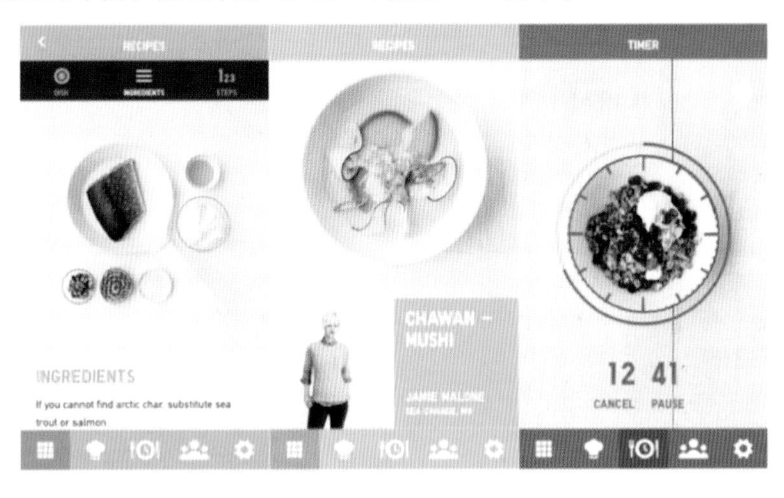

图 7-2 优衣库的 RECIPES

Peek Calendar、Every Weather 和 Harmony 这 3 个 App，是列表多彩色的设计案例，用鲜亮的多彩色来区分信息，确实能起到突出效果的作用，视觉上极其醒目，如图 7-3 所示。可是

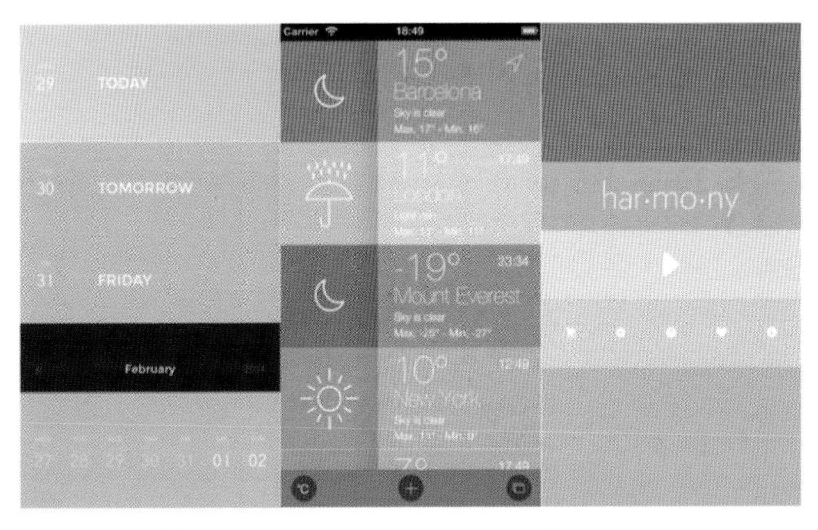

图 7-3 Peek Calendar、Every Weather 和 Harmony

对于一些内容型的 App，多彩色的风格也许并不适用，比如 Google Keep 的多彩卡片，对内容阅读就会起到反作用。百度云记事本的第一版设计也是多彩色的，后来考虑到文字记事比较多，为了提供良好的文字阅读体验，就把多彩色改成了灰白色微质感的设计，如图 7－4 所示。

图 7－4　百度云记事本

3. 数据可视化

对于信息的呈现，越来越多的界面开始尝试数据可视化和信息图表化，让界面上不仅有列表，还有更多直观的饼图、扇形图、折线图、柱状图等丰富的表达方式。表面上看起来不是一件难事，但若真想实现，其复杂程度也是不容小觑的。

Nice Weather 用曲线图来表示温度的变化；Jawbone UP 用柱状图来表示每天的完成情况；PICOOC 用折线图来表示每天体重、体脂的变化，如图 7－5 所示。移动 App 利用数据可视化和信息图表可视化，可以在更小的屏幕空间内更立体化地展示内容。

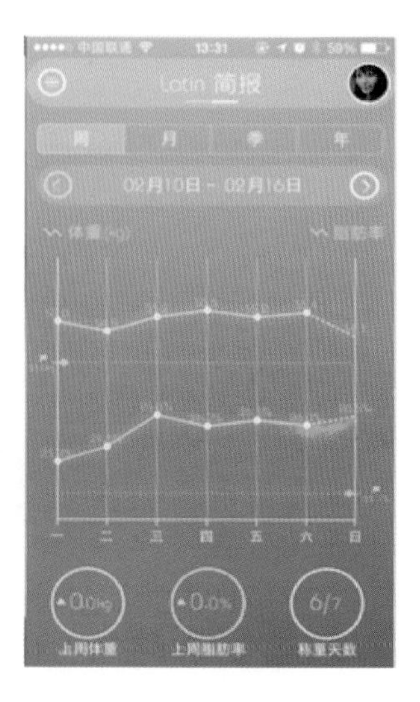

图 7－5　Nice Weather、Jawbone UP 和 PICOOC

4. 卡片化

卡片也是一种采用较多的设计语言形式。我们无法考究这种卡片的设计是从 Metro 的 tiles 流行起来的，还是从 Pinterest 的瀑布流流行起来的，总之可以发现，Google 的移动端产品设计已经全面卡片化，甚至 Web 端也沿用了这种统一的设计语言。

Luvocracy 的卡片流突出了信息本身，用大图和标题文字吸引用户，强化了无尽浏览的体验，吸引用户一直滚动下去；Google Now 的卡片则更加定制化、个性化，有的卡片是用来做用户教育的，有的卡片是用来告知天气的，有的卡片是呈现联系人列表的，有些卡片是显示待办事项的，不同的卡片都遵循在一个统一宽度和样式的卡片内进行设计，既保证了卡片与卡片之间的独立性，又保证了服务与服务的统一化设计；Shazam 则用一种趣味的卡片样式来呈现专辑和歌曲，如图 7-6 所示。

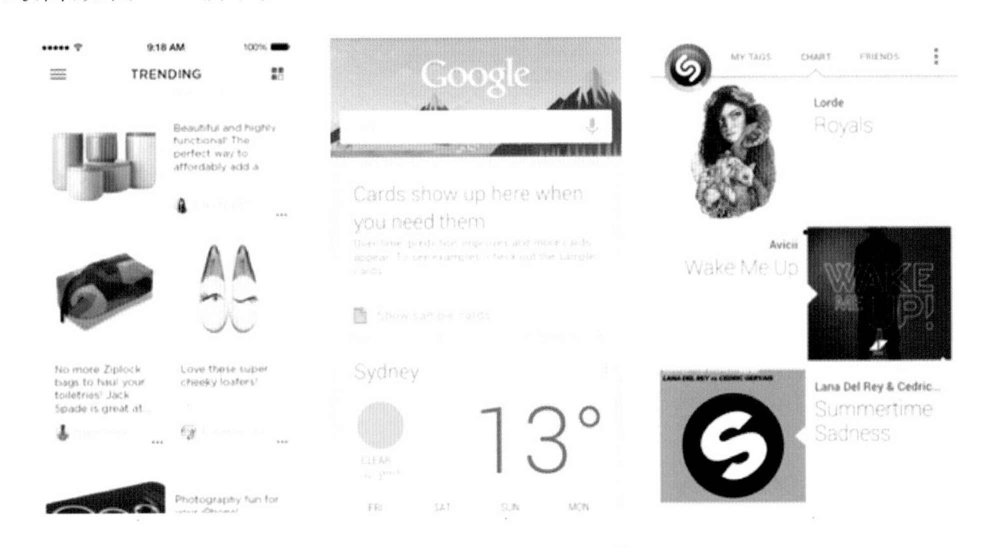

图 7-6 Luvocracy、Google Now 和 Shazam

5. 内容至上

无论是 App 产品还是 Web 产品，都应突出内容，当繁华褪尽时，再重新去看 App 和 Web 存在的意义，不外乎是给用户提供了非常好的服务。与内容相比，所有的设计和包装都不过是一种表现方式，而真正有价值的 App 一定是以内容取胜的。

Artsy 的图片瀑布流完全没有用线和面来区分信息组块，而是用内容本身做排版，用户可以将注意力更加集中在图片内容上；Prismatic 利用字体排版，尽可能地将内容前置，弱化图标和操作，让用户将注意力更加集中在内容阅读上；而 MR Porter 则直接利用商品图片、名称和价格做设计，让用户聚焦于商品本身，如图 7-7 所示。

6. 圆形的运用

圆形是最容易让人觉得舒服的形状，尤其是在充满各种方框的手机屏幕内，增加一些圆润的形状点缀，可以使整个界面变得比较柔和。一个有意思的现象是，iPhone 的拨号数字键盘，一开始都是矩形设计，到 iOS 7 均变成了圆形，可以说是对传统电话的致敬，也可以说是增强了界面的柔和感。当然也要处理圆形的实际点触区域，不要因为设计成圆形，点触区域就变小了，导致点击准确率下降，易用性受到影响。

Beats Music 将喜欢的标签设计成了圆形，这就比普通的列表、矩形标签的感觉要好很多，

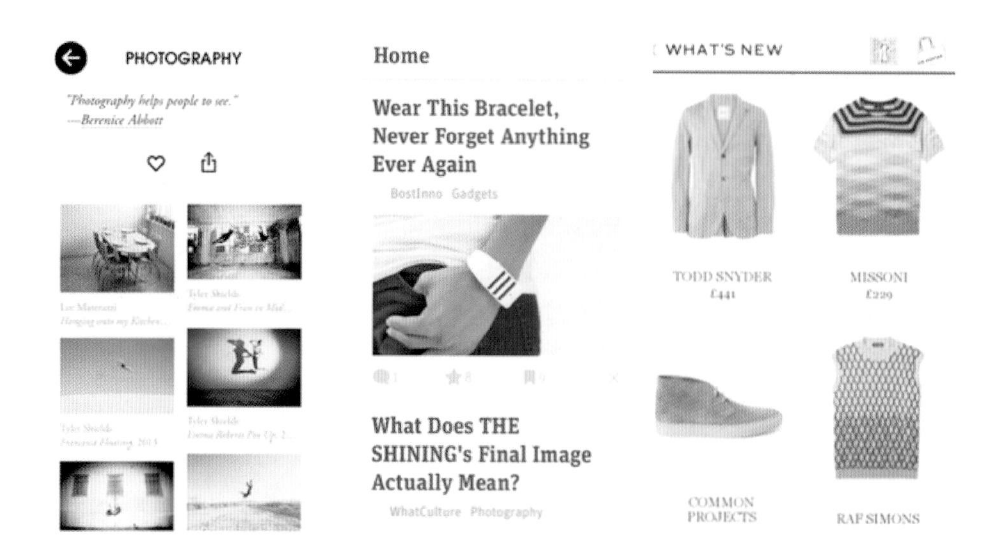

图 7－7　Artsy、Prismatic 和 MR Porter

更加具有趣味性和探索性；Moves 将每天走的步数、消耗的卡路里均用圆形承载，是数据可视化、关键信息显性化的最好案例；Tumblr 则把要创建的内容的类型用蒙层＋圆形选项按钮的方式进行设计，让选择变得专注而明确，却又不那么呆板，如图 7－8 所示。

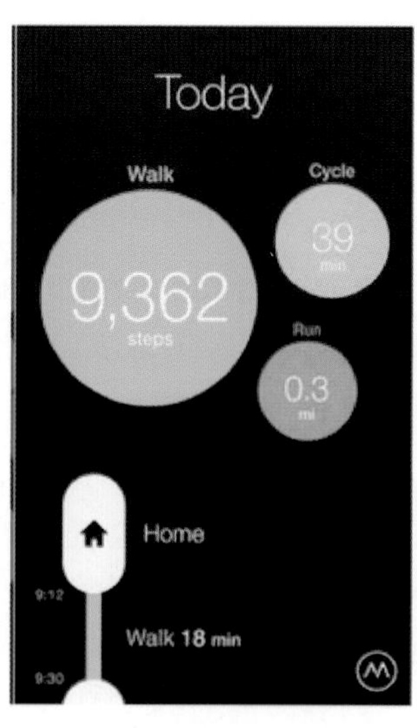

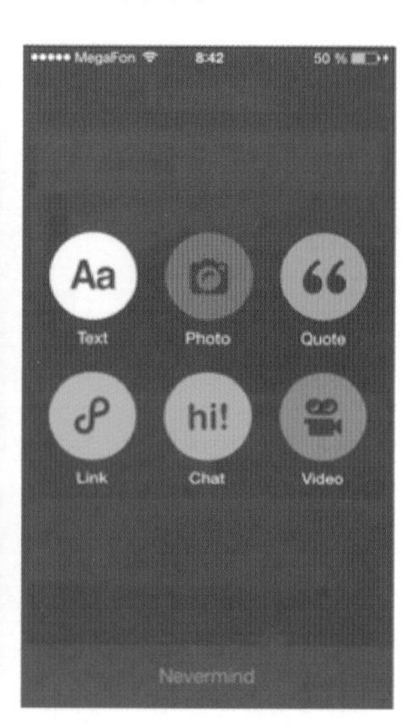

图 7－8　Beats Music、Moves 和 Tumblr

7. 大视野背景图

用通栏的图片作为背景也成为一种流行趋势，或是作为整个 App 的背景，或是作为内容区块的背景，既提升了视觉表现力度，又丰富了 App 情感化元素。一些信息或操作浮动在图片上。这种设计方法对字体和排版设计要求很高，难度也增加很多，却极易渲染出氛围。

大视野背景图风格分为两种：一种是内容区块中采用大视野背景图，优点是可以利用图片做区块分割；缺点是图片拼接后的效果不一定好看，可能需要配合一些描边、留白等设计手段来优化拼接，如 Secret，如图 7－9 所示。另外一种就是全屏背景图，甚至打通状态栏，如 VSCO(见图 7－10)，前景做内容排版、导航和操作，优点是设计非常具有生命力，所以有人把这种风格也称为“有计划设计”，说的就是回归大自然的设计手法；缺点是前景的信息排布设计具有很大的挑战性，毕竟全景背景图太过于干扰使用者的注意力，从而导致前景的文字内容可读性变弱。所以，需要把重要的操作用明确的按钮区别出来，阅读型文字跟背景图要用明显的反色，若还是不行，就把文字浮在半透明蒙层上来解决可读性问题。

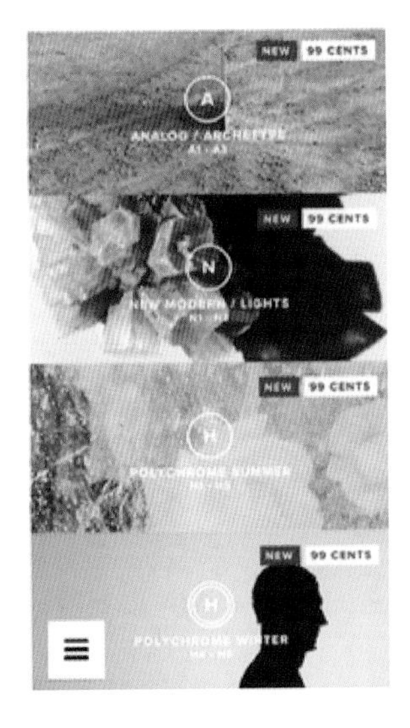

图 7－9 Secret

图 7－10 VSCO

其实设计风格很难有全新的，它是不断轮回的过程。为了凸现内容，App 都在往轻薄化方向发展，不过也许有一天又会回到最开始的重质感拟物化设计上。

任务 2 扁平化风格

有人说“只有交互扁平了，视觉才好做扁平”，还有人说“如果一个产品把希望寄托于视觉上，想靠视觉来表现产品的扁平化，显然是不靠谱的”。确实是这样的，扁平化不仅是界面视觉扁平无立体感，更应该是交互体验的扁平化、信息架构的扁平化。

炫目耀眼的设计曾经风行一时，但如今未必会是用户喜爱的风格，尤其是对 5.0 英寸甚至 6.0 英寸的移动设备用户来说，复杂的设计风格反而会让用户对产品界面产生不该有的认知障碍。因此，在移动用户界面设计中，“扁平化设计”美学将成为新的设计趋势。

扁平化设计可以通俗地理解为：使用简单特效或者无特效创建的设计方案不包含三维属性，诸如投影、斜面、浮雕、渐变等特效都不会在设计中使用。扁平化设计给人的感觉通常都很简洁，即使它可以做得很复杂。简单、直接、友好的特性就是它广受移动界面设计青睐的根本原因。

其实在“扁平化”这个词流行以前，我们一直都在强调交互的易用性以及创造优质的用户体验，实际上“扁平化”这个词就是这些设计目标的一个总的概念，可以很宽泛，应该是一种内在的设计思想。

下面将介绍一些可以做到交互扁平化的方法。

1. 结构层级减少——高效

先从字面上来理解交互的“扁平化”，与之相对的应该是“结构层级”，在这里理解为交互步骤。想要用户用最少的步骤来完成任务，就要使层级结构扁平化，所以交互步骤和层级结构是相互关联的。

那么什么是层级结构呢？以淘宝为例，来看看 PC 端的 Web 界面。最底层页面就是其首页，包含的页面综述非常丰富，从广度来讲覆盖面是非常大的，如图 7－11 所示。再来看深度：从鞋包配饰到女鞋到单鞋再到各种品牌，如图 7－12 和图 7－13 所示。可以看出，Web 网页更注重深广度的平衡。

图 7－11 淘宝(1)

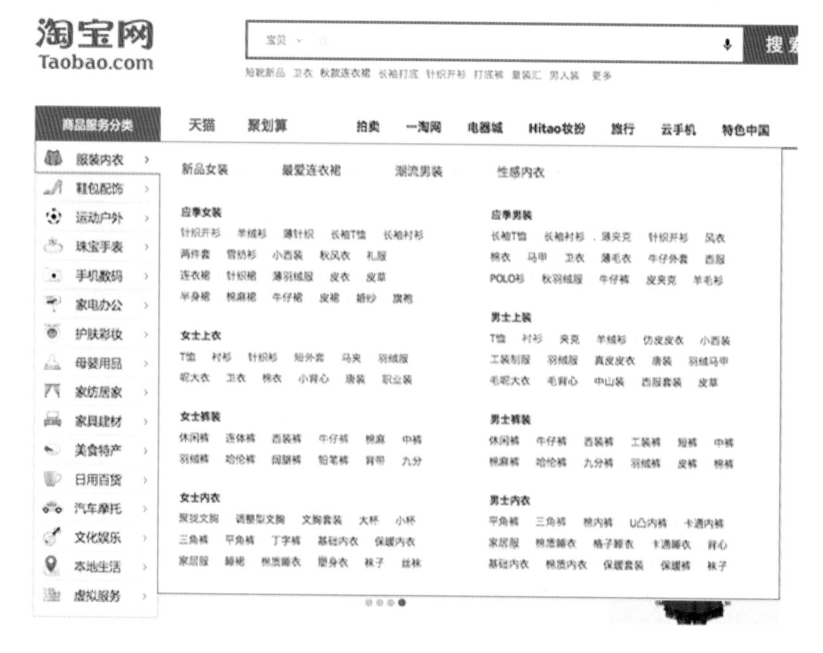

图 7－12 淘宝(2)

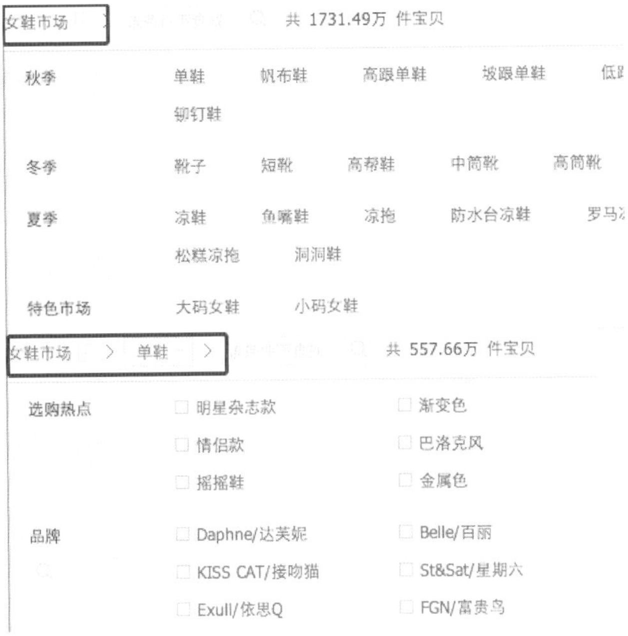

女鞋市场 共 1731.49万 件宝贝

秋季 单鞋 帆布鞋 高跟单鞋 坡跟单鞋 低
铆钉鞋

冬季 靴子 短靴 高帮鞋 中筒靴 高筒靴

夏季 凉鞋 鱼嘴鞋 凉拖 防水台凉鞋 罗马
松糕凉拖 洞洞鞋

特色市场 大码女鞋 小码女鞋

女鞋市场 > 单鞋 > 共 557.66万 件宝贝

选购热点 明星杂志款 渐变色 情侣款 巴洛克风 摇摇鞋 金属色

品牌 Daphne/达芙妮 Belle/百丽 KISS CAT/接吻猫 St&Sat/星期六 Exull/依思Q FGN/富贵鸟

图 7 - 13 淘宝(3)

再来看看手机端。很显然,如果直接把 Web 上的结构搬到手机上是行不通的,由于手机设备的限制,淘宝手机主界面的广度大大减弱,而信息深度的减弱更为明显。

PC 上可以用各种导航清晰地表现出层级结构,使用户不在复杂的层级结构中迷路。但是,移动设备的显示区域有限,没有足够的地方来放置这样的路径,更多的时候只能用返回操作。

怎样才能做到在移动端减少结构层级从而精简交互步骤呢?这里总结了以下几种方法。

(1) 并 列

将并列的信息显示在同一个界面中,减少页面的跳转。最典型的例子就是 Windows 8,在这之前天气、邮件等内容需要到具体的应用里才能看到,而 Windows 8 在同一个界面中就能展示出这些信息,如图 7 - 14 所示。

图 7 - 14 Windows 8 界面

再如 Next day，此应用分别以年、月、周、日的方式展示，单击下面的时间线，内容将直接在当前页面切换而没有转跳，如图 7－15 所示。

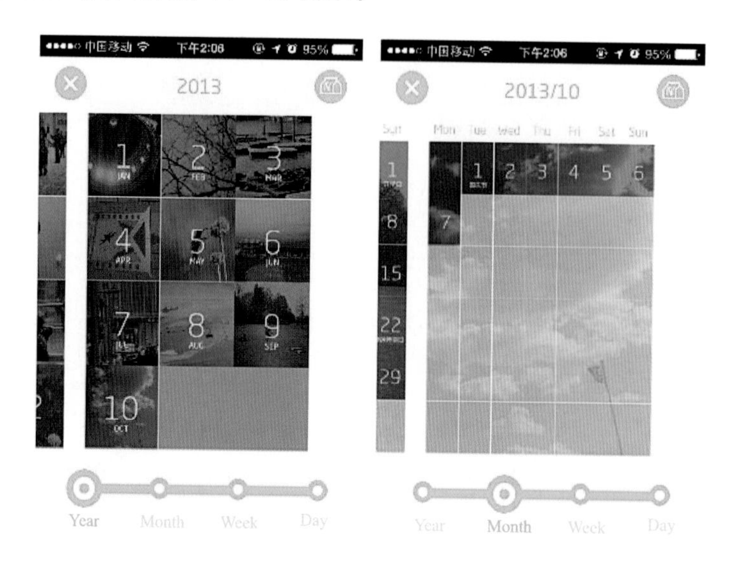

图 7－15　Next day 中的应用

（2）快捷方式

以 iOS 7 为例，在任意界面只要向上滑动都能从底部呼出一个快捷菜单，设置“Wi－Fi”和“手电筒”时可以直接从该菜单中操作，如图 7－16 所示。

在 iOS 6 中，如果需要设置“Wi－Fi”，则要先切换到“设置”界面，找到“Wi－Fi”，切换到“Wi－Fi”界面，然后从中选择可用的网络，如图 7－17 所示。

对比步骤：

iOS 7：①底部上滑；②打开“Wi－Fi”。

iOS 6：①单击“设置”按钮；②在“设置”界面中选择“Wi－Fi”；③在“Wi－Fi”界面中选择可

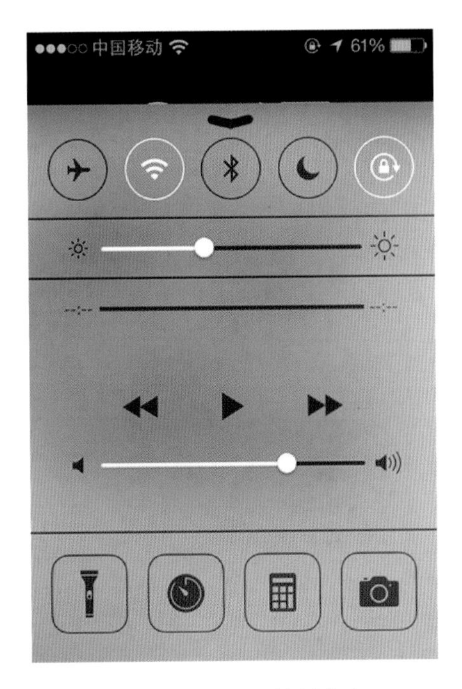

图 7－16　iOS 7 控制中心

图 7－17　iOS 6 界面

用网络。

层级结构的减少使得用户不必再逐层打开相应的界面进行设置，提高效率的同时也使结构变得更加清晰。

例如淘宝手机版（见图 7－18），无论你在哪家店铺在看什么宝贝，只要点击右下角的“淘”就能出现和主页导航一样的快捷菜单，而不用逐层返回。

图 7 - 18　淘宝手机版

(3) 显示关键信息

图 7 - 19 所示为豆瓣电影的购票流程。

图 7 - 19　豆瓣电影

操作步骤是：①选择影片；②选座购票；③选择影院。

在“选择影院”界面中除了显示影院名称，还显示“××元起”以及余下场次，还有是否可以购票这些关键信息，这样能够使用户同时获得多方面信息，提高购买效率。

(4) 减少点击次数

例如，iOS 7 关闭后台程序时只需用手指轻轻往上一滑就可以关闭了，如图 7 - 20 所示；而 iOS 6 则需要长按应用 icon 出现删除按钮后再逐个关闭，如图 7 - 21 所示。

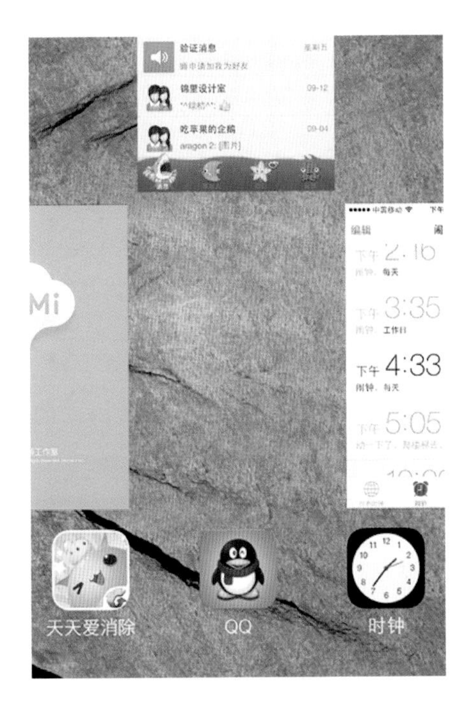

图 7－20　iOS 7 关闭后台程序

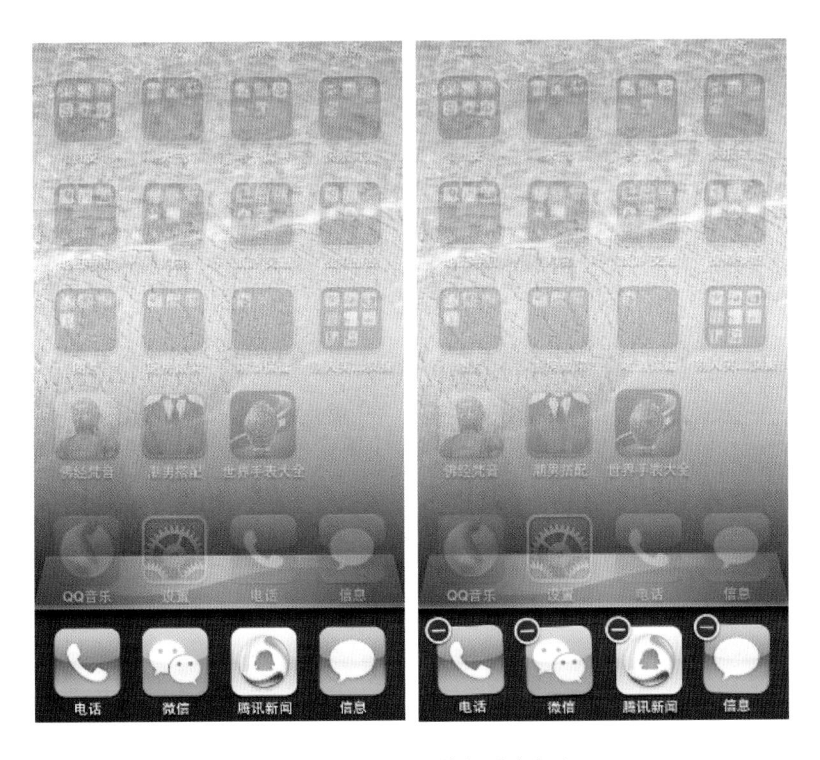

图 7－21　iOS 6 关闭后台程序

对比操作步骤：

iOS 7：①双击 home 键；②滑动删除。

iOS 6：①双击 home 键；②长按应用 icon；③点击删除。

注意：滑动手势显然没有点击删除的提示明显，所以滑动手势这种类型的操作一定要设计得自然，否则用户找不到触点，不知道如何操作，就会产生挫败感而放弃使用。

综上所述，层级结构减少，交互步骤必然减少，无疑会使用户的使用效率得到提高。

由于移动设备本身的限制，所以没有足够的空间来展示路径，如果没有清晰的层级关系，也就意味着用户很有可能会迷失方向，甚至要进入深层次的信息才能找到他们想要的，这时最应该做的是减少信息的深度。

2. 表达方式直白——准确

表达方式直白也就是让未使用过的用户使用时无压力。做法是：可以减少按钮和选项，让使用更简洁。例如，"摇一摇"功能（见图 7-22），摇一摇，用户的本能反应，不需要任何解释，只要拿着手机晃动就能实现该功能。

图 7-22 "摇一摇"功能

3. 信息直观——有序

互联网时代是信息爆炸的时代，尤其是现在小屏幕设备流行，如何从中找到自己所需要的信息至关重要，我们需要减少过度复杂的交互界面设计，让信息更加直观地展示。如果需求的信息少、功能少，那么要做直观很容易。但是，当面临的产品信息量很大时怎样才能使信息更加直观呢？这就需要对互联网里大量的信息进行有序的整理，通过整理，找到事物的本质，发现全新的观点，看到一些深藏于表面的事物；通过整理，能够使问题变得越来越清晰，能够获得许多新的发现；通过整理，使用户能够快速地找到自己所需要的信息。

图 7-23 所示是一个设计师网址导航，分类非常明确，同时也收集整理了设计师常用的各种资源，包括工具下载、设计教程、配色、创意等内容，使用起来非常方便。

干净、整洁、有序永远都比杂乱无章令人赏心悦目，即使在信息量很大的情况下，在有序的环境里寻找也会比较方便、快捷。

图 7-23　设计师网址导航

4. 功能的一致性

现在的用户已经习惯在多场景下运用多平台设备，一旦用户学会了界面中某个部分的操作，他们很快就能知道如何在其他地方或其他性能上进行操作。

5. 平台与平台之间的无缝体验

当然这里除了数据同步，还有一点就是考虑怎样解决多设备之间交叉融合的问题。

例如，QQ 支持多设备登录以后，表现多设备之间交叉融合一致性功能最有代表性的是手机 QQ 上的一个功能——“传文件到我的电脑”（见图 7-24），这样在传送文件时就不需要在

图 7-24　手机 QQ

两个不同的设备上登录两个不同的 QQ 号了，而是在多个设备上登录同一个 QQ 号即可。因此，保证一致性也是扁平化很重要的一点，可以降低学习成本，提高使用效率。

6. 其　他

响应和反馈是扁平化中比较重要的一点。界面应该提醒用户发生了什么事，让用户了解这些反馈信息，在出错时能够使用户清晰地知道该怎么做，否则用户在不知所措的情况下往往就会选择离开。

任务 3　UI 设计中的引导与提示

UI 设计中的引导页和提示页面，在某些程度上会干扰用户的使用体验，但是如果处理得当，则会让用户获得良好的体验。用户引导和提示种类及应用场景是非常重要的，直接决定了用户体验的好坏。

用户引导页在 App 的使用过程中非常常见，也是必不可少的。用户引导页还可以降低用户的学习成本，使用户快速了解和上手产品，也可以使用户快速了解新增功能，避免在使用过程中产生困惑。通常用户引导可以分为闪屏引导、新手引导、操作引导、功能性引导、对话式引导、局部引导、全局引导、弹窗引导以及一些其他方式引导。

1. 闪屏引导

闪屏引导指通过引导页向用户展示新产品，或者推广广告等，一般在首次进入 App 或者首次打开 App 时出现，如图 7－25 所示。

图 7－25　闪屏引导

2. 新手引导

新手引导通过引导页教用户如何使用产品。App 的存在就是为了让用户达到某种目的，而不是花时间去学习怎样使用它的。为了让新用户在短时间内快速上手产品，或者在版本更新以后，快速了解版本变化，就需要新手引导页来完成。在引导页面设计过程中，可以采用整页一次性展现出所有提示文字，也可以分步引导，多个页面出现。无论是哪一种引导方式，一定要突出重点功能，同时文字要精简。分步引导切记过多，避免用户多次点击，产生厌烦，一般不超过 3 步，如图 7 - 26 所示。

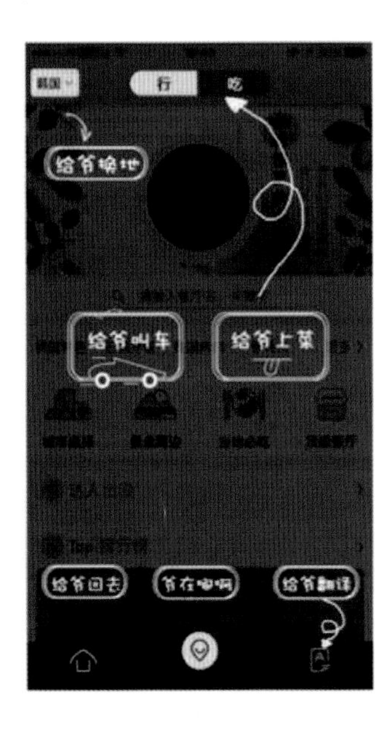

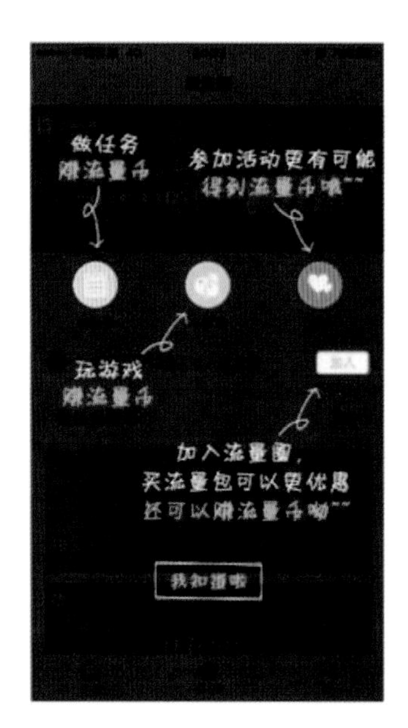

图 7 - 26　新手引导

3. 操作引导

操作引导用于引导用户完成某些指定的操作，例如完善个人信息、身份认证、会员充值、收藏/关注等操作。这些操作并非强制性操作，但是企业需要用户的这些资料以便对客户的数据进行分析，这就需要巧妙地引导用户主动地、有欲望地去完成这些操作。一些 App 会采用签到等功能，引导用户去绑定信息，例如一些视频、新闻类平台；一些 App 会采用抽奖等方式引导用户去绑定信息，例如一些电商平台，如图 7 - 27 所示。

4. 功能性引导

功能性引导是指比较隐蔽的功能层面，只有用户使用到该功能时才会出现的指引性提示，不会有确切的引导窗口出现。例如，在支付宝聊天窗口内输入数字，会出现给对方转账的引导；在应用中截图，会出现分享至微信或者微博等引导；或者是截图后一段时间内，在聊天窗口打开加号按钮，会自动添加刚刚出现的截图，以便发送等引导，如图 7 - 28 所示。

5. 对话式引导

对话式引导属于常见引导，一般半透明上浮于页面上，在几秒钟后会消失。对话式引导页在颜色的选取上，最好跟主页面颜色区分开，例如带有透明度的红色、灰色、黑色等，可以出现在主页面的任意位置，让人有点击查看的欲望，点击后，该位置的对话式引导就会自动消失，如图 7 - 29 所示。

图 7－27　操作引导

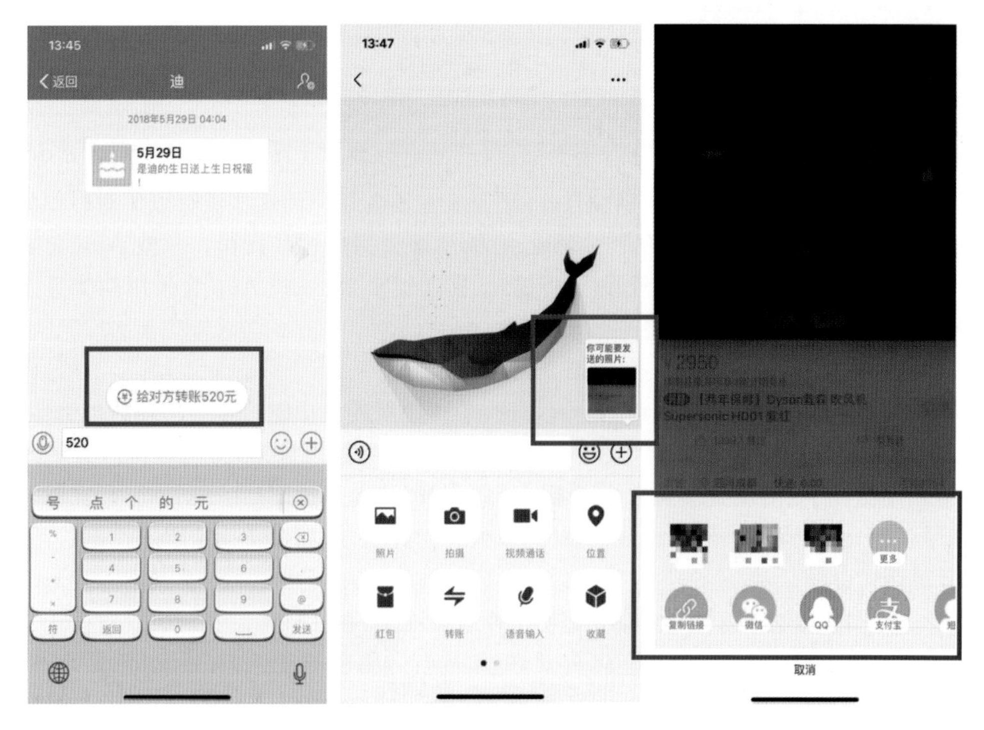

图 7－28　功能性引导

图 7－29　对话式引导

6. 局部引导

局部引导一般出现在顶部，通常起警示作用，例如网络异常、有待查看的消息等，一般由文字、黄色或者红色警示色块和关闭按钮组成，便于引起用户的重视，如图 7－30 所示。

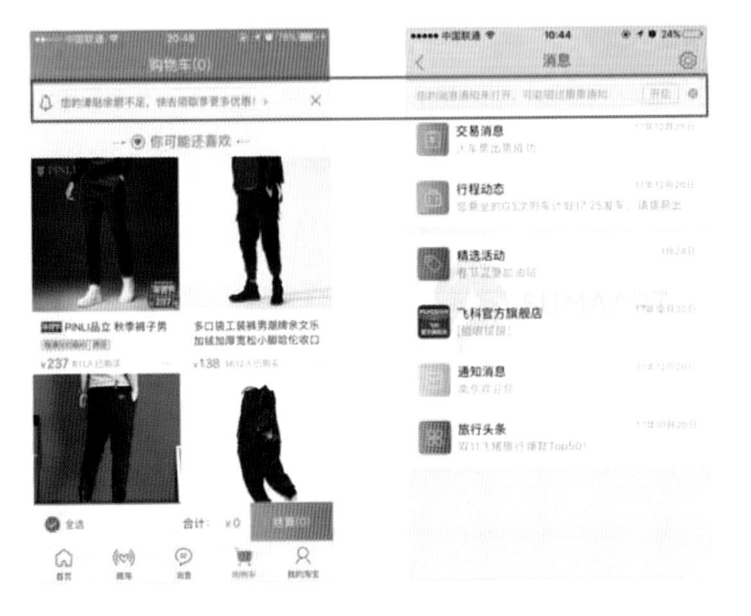

图 7－30　局部引导

7. 全局引导

全局引导的整个页面都是引导提示，属于主动引导。常见的是空页面，主要由提示性文字、图片占位符、跳转按钮等元素组成，为了避免用户误以为是网络卡住或者出现 bug，使用中尽量避免出现整页空白的情况。图 7－31 所示的第 3 张图，就会给人以网络卡住或出现 bug 的错觉。

图 7-31　全局引导

8. 弹窗引导

弹窗引导会强制打断用户对产品的使用，对用户的干扰最大，但是也是最容易让用户注意到的引导方式，这类引导需要用户做出选择后才会被关闭，例如退出登录、错误弹窗提示框等。同时，也有一些图片类的弹窗，引导用户进入其他界面或者 App，例如电商平台的热销产品推荐、领券等。但过多的弹窗式引导，会引起用户的不适，所以在设计时应当考虑弹窗出现频率。弹窗引导实例如图 7-32 所示。

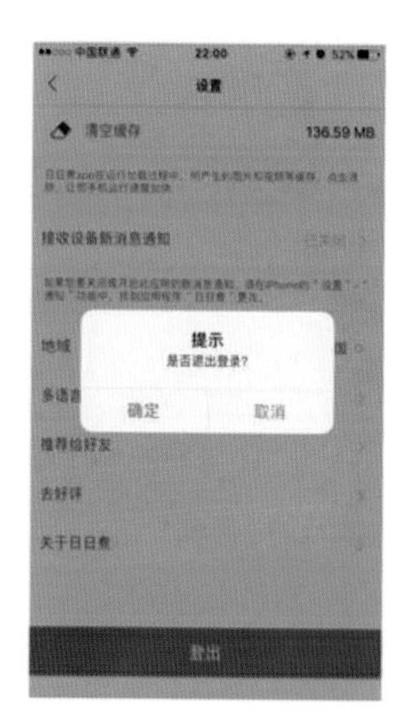

图 7-32　弹窗引导

任务 4　UI 设计的实用辅助工具

Color Scheme Designer 是一个免费的网络调色工具，不需要注册就可以使用。它主要以色环的方式让使用者选择颜色（可加上 6 种不同的配色），调出令人赏心悦目的配色，如图 7－33 所示。

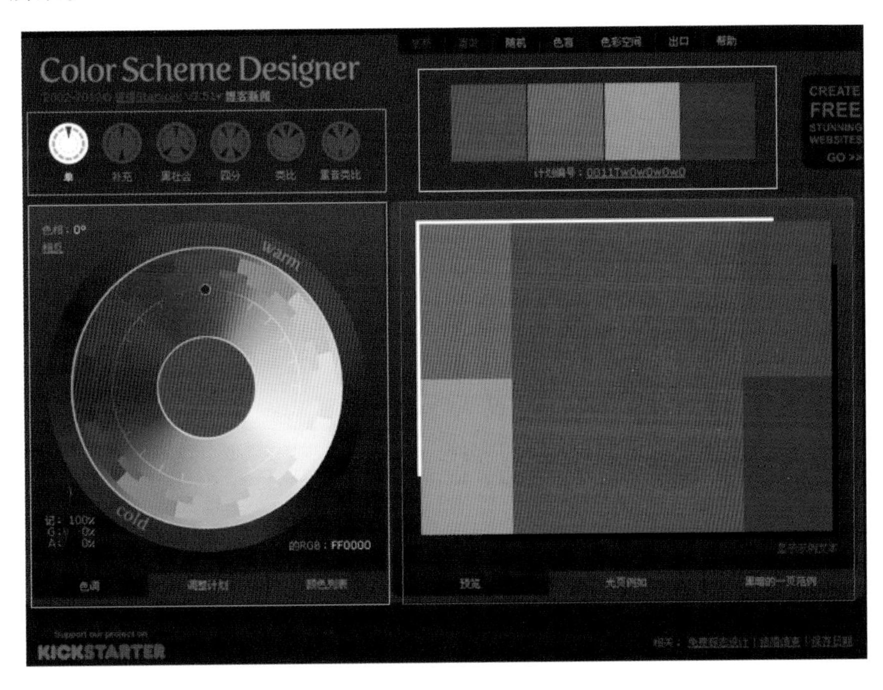

图 7－33　Color Scheme Designer

1. Color Scheme Designer 的 6 种配色方案

① Monochromatic（单色配色）。以单一颜色作为基础色，再以饱和度、亮度变化出其他搭配的颜色。因为是属于同一个色系，所以这种配色法较能调配出舒适的色彩感受。

② Complementary（互补色配色）。以主色和在色环对面的补色调出对比效果明显的配色。

③ Triad（三分色配色）。以一个主色和在色环对面的两个补色组成较为柔和的对比效果。

④ Tetrad（四分色配色）。以两个主色和在色环对面的两个补色营造出一种强烈的视觉效果。

⑤ Analogic（类似色配色）。以一个主色和在它两旁等距的两个补色调配出优雅、简洁的色彩。

⑥ Accented Analogic（互补类似色配色）。以 3 个类似色为基础，再加上色环对面的一个对比色，构成一种既不失优雅又能强调重点的颜色。

2. 工具界面

工具界面主要由两部分构成：左侧的颜色设置区域和右侧的颜色显示区域。

左侧颜色设置区域的上半部分可以设置颜色种类：单色、双色对比色、三色对比色、四色相近对比色、三色相近色、三色相近对比色等；左侧颜色设置区域的下半部分是调整色相的颜色环，通过最下面的菜单栏可以调整饱和度和明度。

右侧颜色显示区域根据左侧选择的色相、饱和度和明度显示出配置后的主色和辅助色，通过下面的菜单栏可以查看浅色页面示例和深色页面示例。

3. 工具的应用方法

确定要设计的页面基调。例如，活泼的、严肃的、典雅的或朴素的等。

确定页面主色调和颜色种类。例如做女性服装页面设计，产品的感觉是朴素、简单、大方，因此颜色应以浅色、亮色为主，可选择 Triad 三色对比色，在色环上选择棕黄色主色调，通过滑动白色的定位点来确定辅色色相。

通过 adjust scheme 调整饱和度和明度。可以在“预置”下拉列表框中选择固有的模式，也可以自定义饱和度和明度。

查看右侧颜色展示区域 preview 的基本颜色配比情况，同时单击 light page example，查看示例页面颜色搭配是否合理，如果不满意，则可以返回重新调整色相、饱和度和明度。

4. 导出颜色的两种方法

① 通过查看左侧下面的 color list 可直接将颜色的 6 位代码输入到相关设计软件中。

② 单击页面右上角的 export，导出一份 aco 文件到 Photoshop 中，然后在 Photoshop 中选择“色板”→“载入色板/替换色板”命令，导入生成的颜色。

任务 5　搜索框的制作

搜索框制作的效果如图 7－34 所示。

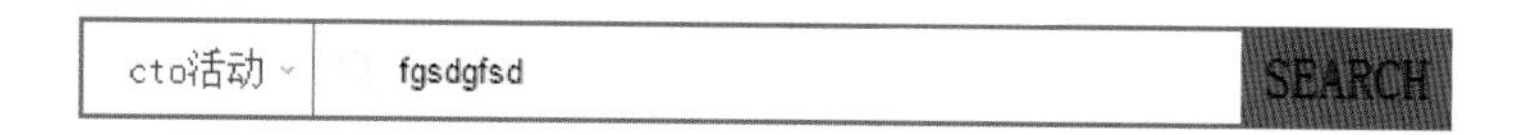

图 7－34　搜索框

任务分析：

搜索框由左、中、右 3 个盒子组成，这 3 个盒子是在一起的，还需要用一个盒子来对它们进行组织，因此总共需要 4 个盒子。这 3 个盒子是并排显示的，如果使用 div 来做，那么需要浮动才能显示在一排。第二个盒子中是可以输入内容的，因此这个盒子里面肯定有个文本框“<input type="text" />”。第三个盒子上面只有文字。

搜索框的制作步骤如下：

① 制作 4 个盒子。1 个大盒子中套 3 个小盒子，为了方便观察，让大盒子居中显示。代码如下：

```
<div id = "out">
        <div class = "div1">头部</div>
        <div class = "div2">文本框内容
</div>
```

```
        <div class = "div3">搜索</div>
</div>
/ * 将外面的盒子居中,方便查看 * /
    #out{
        width:500px;
        margin:0 auto;
    }
    / * 左浮动 * /
    .fl
    {
      float:left;
    }
```

② 确定盒子的宽和高,代码如下:

```
#out .div1{
            width:92px;
            height:40px;
    }
     #out .div2{
            width:368px;
            height: 40px;
     }
     #out .div3{
            width:84px;
            height:40px;
    }
```

若运行后看到盒子掉下去了,则再改一下,父盒子的宽度为 800 px。为了看得更清楚,我们为每个盒子添加了一个背景色,代码修改如下:

```
#out .div1{
            width:92px;
            height:40px;
            background:red ;
    }
        #out .div2{
            width:368px;
            height: 40px;
            background: green;
        }
        #out .div3{
            width:84px;
            height:40px;
            background:blue;
        }
```

运行后如图 7 - 35 所示。

图 7 - 35　添加背景色后的效果图

③ 第一个盒子中有字，且是居中的，因此添加一个居中的属性，然后再添加一个 color 属性来修改颜色。同时该盒子中有个下拉箭头，其可以用一个盒子来装，也可以用背景来做。这里选择用背景来做。代码如下：

```
#out .div1{
                    width:92px;
                    height:40px;
                    background:red;
                    text-align: center;
                    color:#5c5a5a;


    background:url(img/sanjiao.png) no-repeat;
        }
```

效果如图 7 - 36 所示。

图 7 - 36　添加下拉箭头

④ 添加背景后调整位置代码如下：

```
background:url(img/sanjiao.png) no-repeat right center;
```

效果如图 7 - 37 所示。

图 7 - 37　为下拉箭头添加背景

注意：练习时最好做成单独的一个盒子，不要使用背景，因为以后单击它时会显示一个下列表拉框。

⑤ 第一个盒子有边框，3 条边要粗一些，右边要细一些，修改后代码如下：

```
/*添加边框*/
            border:2px solid #707575;
```

效果如图 7 - 38 所示。

图 7 - 38　添加边框

⑥ 运行后发现此时盒子的高度发生了改变，所以高度要变小，修改后代码如下：

```
height:36px;/ * 40 - 2 * 2  */
```

效果如图 7 - 39 所示。

图 7 - 39　改变盒子的高度

⑦ 修改右边框为“1px　solid　#707575”，代码如下：

```
/ * 修改右边框为 * /
     border - right:1px  solid  #707575;
```

效果如图 7 - 40 所示。

图 7 - 40　修改右边框

⑧ 这时会发现下拉箭头离右边框太近了，修改代码使其往左边移动一点儿，修改后代码如下：

```
background:url(img/sanjiao.png) no - repeat 79px center;
```

效果如图 7 - 41 所示。

图 7 - 41　下拉箭头左移后的效果

⑨ 接下来做中间的盒子，为中间盒子添加文本框的代码如下：

```
<div id = "out">
          <div class = "div1 fl">cto 活动</div>
          <div class = "div2 fl">
              <input type = "text" />
          </div>
          <div class = "div3 fl">搜索</div>
</div>
```

效果如图 7 - 42 所示。

图 7 - 42　为中间盒子添加文本框

⑩ 为文本框确定样式——去掉边框，代码如下：

```
#out .div2 input {
           width:100 % ;
           height: 100 % ;
           border:none;
```

```
}
```

效果如图 7－43 所示。

图 7－43　去掉边框

⑪ 去掉蓝色的外边线，代码如下：

```
/ * 去掉 google 浏览器中的外边线 * /
            outline: none;
```

效果如图 7－44 所示。

图 7－44　去掉蓝色的外边线

⑫ 为其添加上边框和下边框，代码如下：

```
#out .div2{
            width:368px;
            height: 40px;
            background: green;
            border-top:  2px solid #707575;
            border-bottom:2px solid #707575;
        }
```

效果如图 7－45 所示。

图 7－45　添加上边框和下边框

由图 7－46 可知，搜索框的下边框没有了，原因是文本框的大小不好控制，把盒子的下边线遮住了，代码如下：

```
#out .div2 input {
            width:100%;
            height: 20px;/ * 100% * /
            / * height: 30px; * /
            border:none;
            / * 去掉 Google 浏览器中的外边线 * /
            outline: none;
        }
#out .div2{
            width:368px;
            height: 40px;
```

```
            background: green;
            border - top:  2px solid red;
            border - bottom:2px solid red;
    }
```

效果如图 7－46 所示。

图 7－46 显示下边框

解决办法是，在给文本框设定高度时不使用百分比，而是直接使用数值来指定。

⑬ 将中间盒子的样式调回正常，代码如下：

```
#out .div2{
        width:368px;
        height: 36px;/* 40 - 4 */
        background: green;
        border - top:  2px solid #707575;
        border - bottom:2px solid #707575;
    }
```

效果如图 7－47 所示。

图 7－47 调整中间盒子的样式

⑭ 使用审查元素来调节文本框的高度，代码如下：

```
#out .div2 input {
            width:100%;
            height: 34px;/* 100% */

            border:none;
            /* 去掉 Google 浏览器中的外边线 */
            outline: none;
    }
```

效果如图 7－48 所示。

图 7－48 调节文本框的高度

⑮ 该文本框中有个“放大镜”图标，代码如下：

```
background:url(img/srhkeytxtbg.jpg) no - repeat;padding - left:34px;
```

效果如图 7－49 所示。

⑯ 去掉中间盒子的背景色。

图 7-49 添加"放大镜"图标

⑰ 制作右边的按钮。将背景色改为紫色(#F303f9),代码如下:

```
#out .div3{
        width:84px;
        height:40px;
        background:#F303f9;
    }
```

效果如图 7-50 所示。

图 7-50 将背景色改为紫色

⑱ 修改其中的文字为 SEARCH,设置为对齐方式,代码如下:

```
#out .div3{
        width:84px;
        height:40px;
        background:#F303f9;
        text-align: center;
        line-height: 40px;
    }
```

效果如图 7-51 所示。

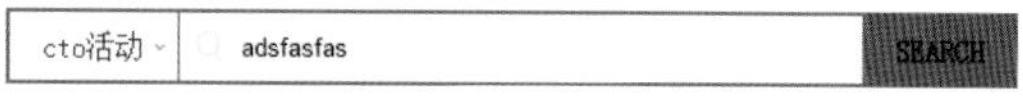

图 7-51 修改文字及对齐后的效果

⑲ 修改文字大小和鼠标指针形状,代码如下:

```
#out .div3{
        width:84px;
        height:40px;
        background:#F303f9;
        text-align: center;
        line-height: 40px;
        font-size: 22px;
        cursor: pointer;
    }
```

最终效果图如图 7-52 所示。

至此,搜索框制作完成。

小结:制作过程从左到右,有了该案例的思路,以后大家就可以编写各种搜索框了。比如,

图7-52　搜索框的最终效果图

可以把最后一个盒子换成“<input type="button">”或者“<input type="submit">”。

任务6　访问国内外优秀网站

① UI中国：http://www.ui.cn/，前身为http://www.iconfans.com，是专业的界面设计师交流、学习、展示的平台，同时也是UI设计师人才流动的集散地，会员均为一线UI设计师，覆盖主流互联网公司。

② 站酷网：http://www.zcool.com.cn/，中国最具人气的大型综合性设计网站，聚集了中国绝大部分的专业设计师、艺术院校师生、潮流艺术家等创意人群，是国内最活跃的原创设计网站。

③ 花瓣网：http://huaban.com/，图片社交领导者，帮你采集、发现网络上你喜欢的事物。你可以用它收集灵感，保存有用的素材，计划旅行，展示自己想要的东西。

④ Behance：https://www.behance.net/，2006年创立的著名设计社区，在这里创意设计人士可以展示自己的作品，发现别人分享的创意作品（有许多质量上乘的设计作品），还可以进行互动（评论、关注、站内短信等）。

【本章习题】

根据本章的设计方法，自主设计一个搜索框。

制作要求：

① 注意画布的尺寸大小、布局及颜色搭配；

② 熟悉页面布局和CSS样式表的编写。

参考文献

[1] 韩广良，王明佳，武治国. Photoshop 网站 UI 设计全程揭秘[M]. 北京：清华大学出版社，2014.

[2] 张晓景. 7 天精通 Photoshop CS6 UI 交互设计[M]. 北京：电子工业出版社，2014.

[3] Art Eyes 设计工作室. 创意 UI：Photoshop 玩转移动 UI 设计[M]. 北京：人民邮电出版社，2015.

[4] Susan Weinschenk. 设计师要懂心理学[M]. 徐佳，马迪，余盈亿，译. 北京：人民邮电出版社，2013.

[5] 张小玲，张莉. UI 界面设计[M]. 北京：电子工业出版社，2014.

[6] Theresa Neil. 移动应用 UI 设计模式[M]. 田原，译. 北京：人民邮电出版社，2015.